Supplement 5 zu Band 23, August 2000

Offizielles Organ der Deutschen Gesellschaft für Hämatologie und Onkologie,
der Österreichischen Gesellschaft für Hämatologie und Onkologie,
der Österreichischen Krebsgesellschaft – Krebsliga unter Fortführung der
«Österreichischen Zeitung für Onkologie»

ONKOLOGIE

• International Journal for Cancer Research and Treatment

KARGER

Basel · Freiburg · Paris · London · New York ·
New Delhi · Bangkok · Singapore · Tokyo · Sydney

Bibliographische Dienste
Biological Abstracts
Current Contents/Clinical Medicine
Excerpta Medica/EMBASE
Medical Documentation Service
Reference Update
Research Alert
Science Citation Index
SCISEARCH Database

S. Karger · Medical and Scientific Publishers · Basel · Freiburg · Paris · London · New York · New Delhi · Bangkok · Singapore · Tokyo · Sydney

Die Zeitschrift erscheint zweimonatlich; pro Jahr erscheint 1 Band zu je 6 Heften. Mitglieder der Deutschen Gesellschaft für Hämatologie und Onkologie sowie der Österreichischen Gesellschaft für Hämatologie und Onkologie erhalten die Zeitschrift im Rahmen ihrer Mitgliedschaft.
Bezugspreis für Jahrgang 23, 2000, DEM 218,– / CHF 170,–, einschließlich MwSt., zuzüglich Postgebühren. Der Abonnementpreis ist im voraus zahlbar. Das Abonnement der Zeitschrift läuft weiter, wenn es nicht spätestens 4 Wochen vor Abschluß eines Bandes abbestellt wird. Abonnementbestellungen können bei jeder Buchhandlung oder direkt beim Verlag aufgegeben werden:
Deutschland: S. Karger GmbH, Lörracher Str. 16a, D-79115 Freiburg, Telefon +49 7 61 45 20 70, Telefax +49 7 61 4 52 07 14, E-mail Information@Karger.de, Postbank München 400 80-807.
Übrige Länder: S. Karger AG, Allschwilerstr. 10, Postfach, CH-4009 Basel, Telefon +41 61 3 06 11 11, Telefax +41 61 3 06 12 34, E-mail Karger@Karger.ch.

Supplement 5 zu Band 23, August 2000; ISBN 3-8055-7142-9
Redaktion und Übersetzung: Dr. med. Peter Borlinghaus, München

Verlagsleitung und presserechtlich verantwortlich: Sibylle Hopf
Anzeigenleitung: Susanne Meister
Produktionsleitung: Georg Brunner

Herstellung: Konkordia Druck GmbH, Eisenbahnstraße 31, D-77815 Bühl

KARGER

Fax +49 761 4 52 07 14
E-mail Information@Karger.de
www.karger.com

Home Page der Zeitschrift:
www.karger.com/journals/onk

ONKOLOGIE

Supplement 5 zu Band 23,
August 2000

Oxaliplatin (Eloxatin®)

Fortschritte in der Tumortherapie

Gast-Herausgeber
H.-J. Schmoll, Halle/Saale

KARGER

Basel · Freiburg · Paris · London · New York ·
New Delhi · Bangkok · Singapore · Tokyo · Sydney

ONKOLOGIE

Contents · Inhalt

Vol. 23, Suppl 5, August 2000

KARGER

Fax +49 761 4 52 07 14
E-mail Information@Karger.de
www.karger.com

Artikel (Volltext) und Inhaltsverzeichnisse
sowie das vorläufige Inhaltsverzeichnis des nächsten Heftes:
www.karger.com/journals/onk/onk_bk.htm

ONKOLOGIE

Onkologie 2000;23(suppl 5):V–VI

Vorwort

Das kolorektale Karzinom ist nach dem Bronchialkarzinom beim Mann und dem Mammakarzinom der Frau die zweithäufigste krebsbedingte Todesursache. Dies liegt daran, dass nicht nur die Inzidenz mit etwa 55.000–60.000 Neuerkrankungen pro Jahr in Deutschland hoch ist, sondern auch daran, dass die Heilungsrate auf Grund der aggressiven Biologie und limitierter Therapieoptionen nur etwa 50–55% beträgt. In den fortgeschrittenen Stadien war die Situation bis vor etwa 2 Jahren nahezu desolat, da durch eine systemische Chemotherapie auf der Basis von Fluoropyrimidinen mit entweder Folinsäure oder Methotrexat als biochemischer Modulator nur eine mediane Überlebenszeit von 12 Monaten erzielt werden konnte und letztlich alle Patienten innerhalb von maximal 3 Jahren an ihrer Krankheit verstarben. Gegenüber der alleinigen «best supportive care» stellt diese 5-Fluorouracil(5-FU)-basierte Chemotherapie zwar einen deutlichen Fortschritt dar, mit Verdoppelung der Überlebenszeit und Verbesserung der Überlebensqualität, letztlich war das Therapieziel aber ausschließlich palliativ.

Diese Situation verbesserte sich durch die Entwicklung von neuen, spezifischen Inhibitoren der Thymidilatsynthase, wie z.B. Raltitrexed, nicht, abgesehen von der Vereinfachung des Handlings durch eine 50-minütige Infusion alle 3 Wochen. Eine leichte Verbesserung der Therapieoptionen ergab sich durch den Nachweis, dass eine prolongierte Infusion von 5-FU in dafür erforderlich höheren bis hohen Dosierungen – eine signifikante höhere Wirksamkeit bei Patienten mit kolorektalen Karzinomen aufweist, bei verändertem Toxizitätsprofil; leider konnte aber auch durch das «wirksamere», d.h. protrahiert infundierte 5-FU nur eine signifikante Verbesserung der progressionsfreien Zeit, nicht aber der Gesamtüberlebenszeit erreicht werden. Dies wurde zuletzt durch die große Studie der AIO und EORTC nachgewiesen, deren Ergebnisse beim ASCO 2000 vorgetragen wurden. Die Rate der Langzeitüberlebenden wurde durch diese Therapiemodalität nicht verbessert.

Eine entscheidende Verbesserung hat sich erst innerhalb der letzten 2 Jahre ergeben, und zwar durch die Einführung zweier neuer, mit Fluoropyrimidinen und Folat-Antagonisten nicht kreuzresistenter Substanzen: Oxaliplatin und Irinotecan. Der besondere Vorzug dieser Substanzen ist nicht nur deren Monoaktivität, die vergleichbar ist derjenigen von 5-FU / Folinsäure (FA), sondern die fehlende Kreuzresistenz zwischen diesen 3 Substanzen als auch ein präklinisch und insbesondere auch klinisch nachgewiesener Synergismus sowohl zwischen 5-FU/Irinotecan oder 5-FU und Oxaliplatin als auch zwischen Oxaliplatin und Irinotecan. Durch die Kombination dieser Substanzen ist nicht nur die Remissionsrate verdoppelt, sondern auch die progressionsfreie Zeit signifikant verlängert worden.

In 2 der 4 großen Studien zum Wert der Kombinationstherapie in der First-line-Therapie wurde auch die Überlebenszeit verlängert, wenn die neuen Substanzen primär eingesetzt worden sind. In den 2 Studien, in denen die Kombination 5-FU/FA/Oxaliplatin gegenüber 5-FU/FA in Standarddosierung geprüft worden sind, ist eine Verlängerung der Überlebenszeit nicht nachgewiesen worden; dafür ist aber die Überlebenszeit in beiden Therapiearmen zum Teil sehr lang, bis knapp 20 Monate (in der Studie von Levi und Kollegen). Dieses Ergebnis lässt zunächst einmal die Schlussfolgerung zu, dass die Überlebenszeit der Patienten im Median nunmehr um 50% verlängert werden kann, wenn die neuen Substanzen wie Oxaliplatin und Irinotecan neben 5-FU/FA eingesetzt werden, und zwar entweder in der Primär- oder in einer Second-line- und Third-line-Therapie – woraus sich aber auch die Verpflichtung ergibt, dass alle 3 Substanzen zum therapeutischen Arsenal in der Behandlung eines Patienten mit fortgeschrittenem kolorektalen Karzinom gehören müssen – und damit der maximal mögliche Therapieerfolg im Sinne von Remissionsqualität, Remissionsdauer und Überleben erreicht wird. Zum anderen aber wurde insbesondere durch die Studie von Levi und Kollegen gezeigt, dass zum ersten Mal in der

KARGER

Fax +49 761 4 52 07 14
E-mail Information@Karger.de
www.karger.com

Accessible online at:
www.karger.com/journals/onk

Geschichte der Therapie von Patienten mit metastasiertem kolorektalen Karzinom durch eine neoadjuvante Chemotherapie bei inoperabler Situation eine sekundäre Metastasenresektion und dadurch ein Langzeitüberleben ermöglicht werden kann. Diese Erkenntnis bedeutet sicherlich den markantesten Durchbruch, der derzeit in der Therapie von Patienten mit kolorektalen Karzinomen erreicht worden ist, mit erheblicher Auswirkung auf die experimentellen Therapiestrategien bei Patienten mit resektablen Metastasen und erst recht für die adjuvante Situation im Stadium 3.

Auf Grund der Tatsache, dass ein Drittel der Patienten mit primären inoperablen Metastasen nach Vorbehandlung mit 5-FU/ FA/ Oxaliplatin R0-operiert werden könnten und 50% dieser Patienten nach 9 Jahren noch am Leben sind, ergibt sich die zwingende Notwendigkeit, solche Patienten primär mit dieser Kombinationstherapie zu behandeln und die sekundäre Resektion der Metastasen anzustreben. Es handelt sich hierbei um einen recht großen Anteil der Patienten mit primär metastasierter Erkrankung, die dieser kombinierten Therapiestrategie als Standardtherapie zugeführt werden müssen. Gleichzeitig bedeutet dies aber auch, dass die Therapie der Patienten mit kolorektalem Karzinom immer differenzierter wird und eine hohe Expertise fordert – ähnlich derjenigen wie bei anderen soliden Tumoren mit differenzierter Therapiestrategie und kurativer Option. Ebenso ergibt sich aus dieser Entwicklung aber auch die Verpflichtung, die neuen Therapieoptionen weiterhin in Studien zu prüfen, zu optimieren und nach Möglichkeit die Modalität der neoadjuvanten Therapie mit sekundärer Tumor- bzw. Metastasenresektion als Therapieprinzip weiter zu untersuchen und zu etablieren. Es ist dringend notwendig, die hierzu zur Verfügung stehenden Therapieoptionen zu optimieren, z.B. durch die klinische Prüfung einer Kombination aller 3 zur Verfügung stehenden, untereinander nicht kreuzresistenten Substanzen, wie dies derzeit in einer Phase-II-Studie durchgeführt wird.

Darüber hinaus besteht für all die Patienten, die eine Chemotherapie ohne Kombination mit den neuen Substanzen bekommen – wie z.B. Patienten mit Kurabilität, langsam progredienter, multipel ausgeprägter Erkrankung usw. – demnächst die Alternative der oralen Applikation von 5-FU-Prodrugs, wie z.B. Capecitabine. Für diese Patienten bedeutet die orale Therapie eine wesentliche Verbesserung der Lebensqualität – was einen großen Fortschritt in der Palliativtherapie von Patienten mit metastasierten kolorektalen Karzinomen bedeutet.

Insgesamt haben sich somit in den letzten 2 Jahren dramatische Neuentwicklungen ergeben, deren Umsetzung in den klinischen Alltag dringend und zügig erforderlich ist. Am besten geschieht dies durch die Behandlung von Patienten in prospektiven klinischen Studien; zu den laufenden Studien informiert der Verfasser Sie auf Anfrage sehr gerne.

H.-J. Schmoll, Halle/Saale

ONKOLOGIE

Onkologie 2000;23(suppl 5):1-2

Einleitung

Welcome to New Orleans: Vom 20. bis 23. Mai 2000 fand in der Stadt am Mississippi das 36. jährliche Treffen der American Society of Clinical Oncology (ASCO) statt. Aus aller Welt trafen sich mehr als 22 000 Spezialisten im Ernest N. Morial Convention Center. *Joseph S. Bailes*, MD, Präsident der ASCO, betonte, dass zusätzlich zu den signifikanten Fortschritten bei der Behandlung hämatologisch-onkologischer Erkrankungen ein Schwerpunkt des diesjährigen ASCO-Meetings die immer wichtiger werdende Forschung bezüglich der Verbesserung der Lebensqualität des Patienten sein sollte. Fast alle relevanten Gebiete der klinischen Krebstherapie wurden referiert und diskutiert und mehr als 2600 Abstracts veröffentlicht.

Unter dem Motto «The Next Best Thing to Being There» können interessierte Leser viele Abstracts und weitere Informationen zum Kongress im «Second Annual ASCO Virtual Meeting» im Internet unter *www.asco.org* abfragen. Zudem lassen sich wesentliche Vorträge und Vorlesungen über sogenannte Audioclips anhören und die präsentierten Diapositive als «digitized slides» am eigenen Bildschirm synchron zum Vortrag betrachten.

ASCO am Computer (fast) live erleben

Für die Leser, die nicht vor Ort sein konnten, empfehlen wir, sich auf diesem Wege z.B. die David A. Karnofsky Memorial Award Lecture des diesjährigen Karnofsky-Award-Gewinners, *Waun Ki Hong*, MD, anzuhören und anzusehen. Zum Thema «Chemoprevention in the 21st Century: Genetics, Risk Modeling, and Molecular Targets» zeigt er unter anderem an Hand mehrerer Tumorentitäten (Mamma-, Kolon-, Bronchialkarzinom, Kopf-Hals-Tumoren), wie – abhängig vom individuellen Risikoprofil – Tumoren z.B. durch Änderungen im Lebensstil, durch eine Chemoprävention oder durch «bioadjuvante» Therapien verhindert werden sollen. Faszinierend sind in diesem Zusammenhang die Daten bezüglich des Gebrauchs von NSAIDs und einer dadurch verminderten Mortalität beim kolorektalen Karzinom. Passend zum Thema schloss *R.J. Mayer*, MD, (Dana-Farber Cancer Institute, Brigham and Women's Hospital, Harvard Medical School), seinen Vortrag «Newer Cytotoxic Agents for Advanced Colon Cancer» mit dem Statement «Progress at last!». Nehmen Sie sich die Zeit und besuchen Sie das «Second Annual ASCO Virtual Meeting»!

Ausgewählte Satelliten-Symposien

Ein Novum war, dass, erstmals unter dem Dach einer ASCO-Konferenz, sogenannte Satelliten-Symposien zugelassen waren. Unter den strengen Kriterien eines Auswahlkomitees wurden von 16 Anmeldungen nur 6 Symposien akzeptiert. Eines davon – organisiert vom Institute for Continuing Healthcare Education und unterstützt von Sanofi Lilly Oncology – befasste sich schwerpunktmäßig mit dem nichtkleinzelligen Bronchialkarzinom (NSCLC) und dem kolorektalen Karzinom (CRC).

Zum Thema kolorektales Karzinom referierte einführend *Mace L. Rothenberg*, MD (Associate Professor of Medicine, Vanderbilt University Medical Center and Ingram Associate Professor of Cancer Research, E. Bronson Ingram Cancer Center at Vanderbilt, Nashville, TN), über «Current Strategies in the Treatment of Metastatic Colorectal Cancer». Dabei analysierte er kritisch die 5-Fluorouracil(5-FU)-Therapie sowie die Bedeutung ihrer biochemischen Modulation und anderer Optimierungsmethoden.

Neue Kombinationspartner für 5-FU

Als weiterer nationaler Meinungsbildner sprach *Daniel G. Haller*, MD (Professor of Medicine, University of Pennsylvania Cancer Center Medical, Director Hematology-Oncology Outpatient Practice, Hospital of the University of Pennsylva-

KARGER

Fax +49 761 4 52 07 14
E-mail Information@Karger.de
www.karger.com

Accessible online at:
www.karger.com/journals/onk

nia, Philadelphia, PA), zum Thema «Beyond 5-FU: Future Directions in the Treatment of Colorectal Cancer». Im Mittelpunkt seines Vortrages stand Oxaliplatin, ein Platin-Derivat der dritten Generation. Die Substanz ist in Deutschland bereits zur First-line-Therapie des metastasierenden kolorektalen Karzinoms in Kombination mit 5-FU und Folinsäure zugelassen.

Ausgehend von der zunehmenden Bedeutung des Parameters «Lebensqualität» bei der Entwicklung neuer Chemotherapeutika und Behandlungsschemata kritisierte er, dass die Federal Drug Administration (FDA) zur Zulassung einer onkologischen Substanz immer noch primär nur ein Kriterium – nämlich den Überlebensvorteil – im Auge hat. Weltweit setzen aber Onkologen zunehmend die Endpunkte «Zeit bis zur Tumorprogression» und «Lebensqualität» in den Mittelpunkt ihrer Studienkonzepte und Therapieüberlegungen. Palliative Gesichtspunkte sollten eine größere Rolle bei der Beurteilung einer neuen Substanz spielen.

Über beide Vorträge wird nachfolgend eingehend berichtet. Ferner finden Sie in diesem Supplement zusammengefasst die wesentlichen Abstracts dieses Kongresses zum Thema Oxaliplatin.

ONKOLOGIE

Onkologie 2000;23(suppl 5):3-4

Aktuelle Strategien bei der Behandlung des metastasierten kolorektalen Karzinoms

Zum Vortrag «Current Strategies in the Treatment of Metastatic Colorectal Cancer» von M.L. Rothenberg (Vanderbilt University Medical Center and E. Bronson Ingram Cancer Center at Vanderbilt, Nashville, TN)

Prognostische Daten besagen, dass in den USA im Jahr 2000 bei etwa 130 000 Patienten die Diagnose eines kolorektalen Karzinoms (CRC) gestellt werden wird. In 72% der Fälle wird dies ein Kolon- und in 28% ein Rektumkarzinom sein. Schätzungsweise 56 000 Menschen werden an einem CRC sterben. Das CRC ist somit die vierthäufigste Krebsdiagnose und die zweithäufigste Krebstodesursache. Das Risiko, während der gesamten Lebenszeit an einem CRC zu erkranken, liegt bei 5,63% (1 von 18), und das Risiko, an einem CRC zu sterben, bei 2,44% (1 von 41).

Im Zeitraum der letzten 50 Jahre verminderte sich die Inzidenz nur gering um 1,1%. Die Mortalität sank um 37,2%. Dies wird primär als Erfolg der adjuvanten Chemotherapie und der CRC-Früherkennungsprogramme angesehen. Die 5-Jahres-Überlebenszeit steigerte sich deutlich von 37 auf 62%.

Alte und neue Therapiestrategien

Die sich ändernden Behandlungstrategien für das fortgeschrittene CRC lassen drei Abschnitte erkennen: In den Jahren von 1962 bis 1995 therapierte man primär mit 5-Fluorouracil (5-FU) zusammen mit Folinsäure (FA). 1996 bis 1999 kamen in Studien neue Substanzen wie CPT-11 und Oxaliplatin zum Einsatz. Für die kommenden Jahre wird ein deutlich erweitertes Therapiespektrum zugelassener Zytostatika zur Verfügung stehen und zwar: 5-FU mit FA, CPT-11, Oxaliplatin, Capecitabin, UFT + FA, 5-FU + Eniluracil, Trimetrexat.

In diesem Zusammenhang stellen sich folgende Fragen:

1) Wie effektiv ist die Chemotherapie?
2) Wie kann die Wirkung von 5-FU optimiert werden?
   - Verbessert FA die Wirkung von 5-FU?
   - Können andere biochemisch modulierende Substanzen die Wirksamkeit von 5-FU beeinflussen?
   - Ist die Art und Weise der Applikation von 5-FU von Bedeutung?
   - Wie ist die Wirksamkeit von oralen 5-FU-«Prodrugs» zu bewerten?
3) Was können zusätzliche zytotoxische Medikamente in Kombination mit 5-FU bewirken?

Nutzen der Chemotherapie umfassend dokumentiert

In 3 Studien (2 prospektive, 1 retrospektive) von Scheithauer et al. [1], der Nordic Gastrointestinal Tumor Adjuvant Therapy Group [2] und von Van Halteren et al. [3] wurde die Wirkung einer Chemotherapie mit einer «best supportive care» verglichen. Alle 3 Untersuchungen zeigten, dass eine Chemotherapie zu einer statistisch signifikanten Verlängerung des Überlebens bei den meisten Patienten führte. Ein frühzeitiger Beginn der Therapie verbesserte das Überleben.

In einer 1992 veröffentlichten Meta-Analyse aus 9 randomisierten Studien an 1381 Patienten mit metastasiertem CRC [4] wurde gezeigt, dass die Zugabe von FA zu 5-FU die Ansprechrate auf 23% im Vergleich zu 11% bei alleiniger Therapie mit 5-FU signifikant steigerte. Allerdings konnte keine signifikante Verlängerung des Überlebens (11,5 vs. 11 Monate) erzielt werden.

Im Vergleich zur Bolusgabe von 5-FU erhöht die 5-FU-Infusion die Ansprechrate von 14 auf 22% ($p = 0,0002$) und das mittlere Überleben von 11,3 auf 12,1 Monate ($p = 0,04$) [5]. Von Bedeutung ist, dass die hämatologische Toxizität (Grad 3/4) bei der Bolusgabe bei 31% und bei der Dauerinfusion bei 4% liegt ($p < 0,0001$). Allerdings ist bei der Dauerinfusion eine höhere Rate des Auftretens eines Hand-Fuß-Syndroms (34 vs. 13 %) festzustellen [6].

KARGER

Fax +49 761 4 52 07 14
E-mail Information@Karger.de
www.karger.com

Accessible online at:
www.karger.com/journals/onk

Therapieschemata lassen sich optimieren

In den USA wurden mehrere prospektive Studien durchgeführt, die sich mit der Frage beschäftigten, ob eine biochemische Modulation und eine veränderte Darreichung von 5-FU von Bedeutung ist. In der «Octopus-Studie» [7] verglich man bei 620 Patienten mit CRC im Stadium IV folgende Schemata: Bolusgabe von 5-FU, Bolusgabe von 5-FU + FA (niedrige Dosierung), Bolusgabe von 5-FU + FA (hohe Dosierung), kontinuierliche Infusion von 5-FU, kontinuierliche Infusion von 5-FU + FA (niedrige Dosierung), 24-Stunden-Infusion von 5-FU sowie 24-Stunden-Infusion von 5-FU + PALA. In dieser randomisierten Studie zeigte sich, dass das Überleben in allen 7 Armen nicht wesentlich unterschiedlich war (11–15 Monate). Im Vergleich zur 5-FU-Bolusgabe traten aber bei der 5-FU-Infusion signifikant weniger Grad-3/4-Granulozytopenien und -Thrombozytopenien auf.

Auf der Basis dieser und anderer Studien lassen sich folgende Schlussfolgerungen ziehen:

- Die Zugabe von Folinsäure als biochemischer Modulator von 5-FU erhöht signifikant die Responserate, verlängert jedoch nicht das Gesamtüberleben.
- Die 5-FU-Infusion ist im Vergleich zur Bolusgabe von 5-FU/FA zumindest gleich (womöglich sogar besser) wirksam. Die Inzidenzen einer Myelosuppression und Stomatitis sind verringert, allerdings treten Hand-Fuß-Syndrom und Diarrhöen häufiger auf.
- Orale 5-FU-«Prodrugs» (Capecitabin, UFT) zeigen im Vergleich zur Bolusgabe von 5-FU/FA vergleichbare Aktivitäten und haben erniedrigte Inzidenzen einer Myelosuppression und Stomatitis.

Literatur

1 Scheithauer W, Rosen H, Kornek GV, Sebesta C, Depisch D: Randomised comparison of combination chemotherapy plus supportive care with supportive care alone in patients with metastatic colorectal cancer. BMJ 1993;306:752–755.

2 Nordic Gastrointestinal Tumor Adjuvant Therapy Group: Expectancy or primary chemotherapy in patients with advanced asymptomatic colorectal cancer: A randomized trial. J Clin Oncol 1992;10:904–911.

3 Van Halteren HK, Roumen RM, Coebergh JW, Croiset van Uchelen FA, Keuning JJ, Vreugdenhil G: The impact of 5-FU-based bolus chemotherapy on survival in patients with advanced colorectal cancer. Anticancer Res 1999;19:3447–3449.

4 Advanced Colorectal Cancer Meta-Analysis Project: Modulation of fluorouracil by leucovorin in patients with advanced colorectal cancer: Evidence in terms of response rate. J Clin Oncol 1992;10:896–903.

5 Meta-Analysis Group in Cancer: Efficacy of intravenous continuous infusion of fluorouracil compared with bolus administration in advanced colorectal cancer. J Clin Oncol 1998;16:301–3088.

6 Meta-Analysis Group in Cancer: Toxicity of fluorouracil in patients with advanced colorectal cancer: Effect of administration schedule and prognostic factors. J Clin Oncol 1998;16:3537–3541.

7 Leichman CG, Fleming TR, Muggia FM, Tangen CM, Ardalan B, Doroshow JH, Meyers FJ, Holcombe RF, Weiss GR, Mangalik A, et al: Phase II study of fluorouracil and its modulation in advanced colorectal cancer: A Southwest Oncology Group study. J Clin Oncol 1995;13:1303–1311.

ONKOLOGIE

Onkologie 2000;23(suppl 5):5-8

Über 5-FU hinaus: Zukünftige therapeutische Ansätze zur Behandlung des kolorektalen Karzinoms

Zum Vortrag «Beyond 5-FU: Future Directions in the Treatment of Colorectal Cancer» von D.G. Haller (University of Pennsylvania Cancer Center Medical und Hematology-Oncology Outpatient Practice, Hospital of the University of Pennsylvania, Philadelphia, PA)

Oxaliplatin als therapeutischer Fortschritt

Oxaliplatin (Eloxatin®), ein Platin-Derivat der dritten Generation, ist in Deutschland zur First-line-Therapie des metastasierenden kolorektalen Karzinoms in Kombination mit 5-FU und Folinsäure (FA) zugelassen. Oxaliplatin ist wasserlöslich mit einem Oxalat-Liganden und einem 1,2-Diaminozyklohexan(DACH)-Carrier. Die Substanz hat einen ähnlichen Wirkungsmechanismus wie Cisplatin/Carboplatin. Sie bildet platinierte Interstrang- und Intrastrang-Addukte mit inhibitorischer Wirkung auf die DNA-Synthese. Allerdings sind DACH-Platin-Addukte «sperrig» und inhibieren die DNA-Synthese vermutlich effektiver als andere Platin-Addukte. Zudem bestehen unterschiedliche Resistenzmechanismen. Während Mutationen im DNA-Mismatch-Repair-System (MMR) zu Resistenzen gegen Cisplatin/Carboplatin führen, trifft dies bei Oxaliplatin nicht zu.

Das präklinische Profil von Oxaliplatin ist gekennzeichnet durch ein breites antitumorales Wirkspektrum in vitro und in vivo gegen Kolon-, Ovarial-, Lungen- und Mammakarzinom-Zell-Linien sowie gegen Sarkome, Melanome, Gliome und Leukämien. Hierbei wurde eine Aktivität in verschiedenen Tumormodellen mit intrinsischer oder erworbener Resistenz gegen Cisplatin und Carboplatin belegt. Synergistische oder additive Wechselwirkungen mit zahlreichen antitumoralen Wirkstoffen wie 5-FU, Irinotecan, Mitomycin C, Topotecan, Cyclophosphamid, Gemcitabin, Paclitaxel, Cisplatin, Carboplatin oder Tirapazamin runden das Profil ab. Hervorzuheben ist der Synergismus in Kombination mit 5-FU auch bei 5-FU- und Cisplatin-resistenten Zell-Linien.

In zwei Phase-I-Studien [1, 2] wurden als maximal tolerable Dosis (MTD) 180–200 mg/m^2, q 3 Wochen für Oxaliplatin ermittelt. Die Dosis-limitierende Toxizität (DLT) ist eine kumulative, reversible periphere sensorische Neuropathie. Als empfohlene Dosierung für Phase-II-Studien wurden 130 mg/m^2, q 3 Wochen festgelegt. Zum Erhalt äquivalenter Dosierungsintensitäten mit einem 2-wöchigen 5-FU-Schema (de Gramont) sollten 85 mg/m^2, q 2 Wochen gegeben werden.

Grundlage der klinischen Zulassung von Oxaliplatin waren die überzeugenden Ergebnisse zweier Studien.

Die erste First-line-Therapiestudie von de Gramont [4] wird im August 2000 in *Journal of Clinical Oncology* veröffentlicht [3]. In dieser europäischen Untersuchung (35 Zentren) erhielten 210 von 420 Patienten mit metastasiertem kolorektalem Karzinom (CRC) eine 5-FU/FA-Therapie nach dem de-Gramont-Schema (Abb. 1). Weitere 210 von 420 Patienten wurden zusätzlich zu diesem Schema mit Oxaliplatin (85 mg/m^2 an Tag 1, q 2 Wochen) behandelt. Bei keinem der Patienten mit inoperabler Metastasierung eines Adenokarzinoms des Kolons oder Rektums war vorher eine Immun- oder Chemotherapie für die fortgeschrittene Tumorerkrankung zugelassen. In beiden Armen waren aber vorher je 20% der Patienten mit einer adjuvanten Chemotherapie behandelt worden, die allerdings mehr als 6 Monate vor Beginn der Studie abgeschlossen worden war. Der primäre Endpunkt der Studie war die Bestimmung des progressionsfreien Überlebens. Als sekundäre Endpunkte galten Ansprechrate (RR, von unabhängigen Prüfern bestätigt), Gesamtüberlebenszeit sowie Sicherheit/Toxizität.

Statistisch signifikant längeres progressionsfreies Überleben

Das progressionsfreie Überleben (primäres Studienziel) verlängerte sich signifikant auf 8,1 Monate bei der mit Oxaliplatin + 5-FU/FA behandelten Gruppe im Vergleich zu 5,9 Monaten bei den nur mit 5-FU/FA therapierten Patienten ($p = 0{,}0003$) (Abb. 2). Auch war die objektive RR in der Oxalipla-

KARGER

Fax +49 761 4 52 07 14
E-mail Information@Karger.de
www.karger.com

Accessible online at:
www.karger.com/journals/onk

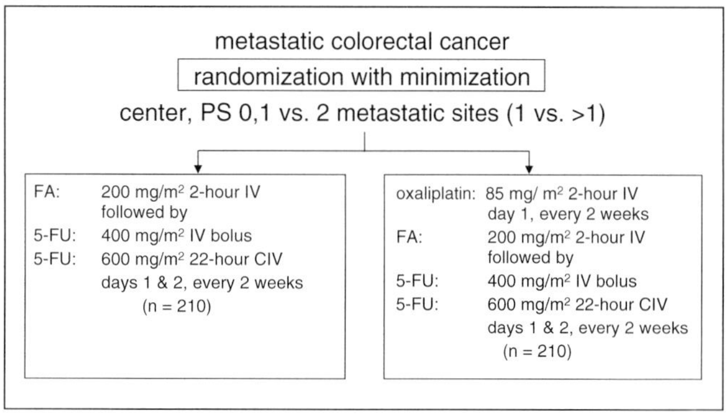

Abb. 1. Studiendesign der Studie von de Gramont et al. (EFC 2962) [3]. PS = Performance status, CIV = continuous infusion.

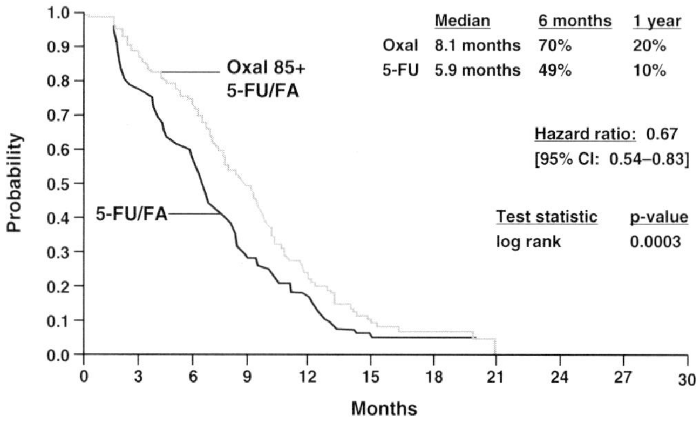

Abb. 2. Raten des progressionsfreien Überlebens nach Kaplan-Meier bei Patienten, die mit 5-FU/FA + Oxaliplatin oder mit 5-FU/FA allein behandelt wurden [aus 3]. Oxal 85 = Oxaliplatin 85 mg/m².

tin+5-FU/FA-Gruppe mehr als verdoppelt. Sie lag bei 49% im Vergleich zu 21,9% im 5-FU/FA-Arm (p < 0,001).

Die Gesamtüberlebenszeit war in der mit Oxaliplatin + 5-FU/FA behandelten Gruppe mit 16,2 Monaten im Vergleich zu 14,7 Monaten in der 5-FU/FA-Gruppe verlängert. Eine mögliche Erklärung für das Fehlen eines statistisch signifikanten Unterschieds beim Gesamtüberleben ist, dass viele Patienten, die unter Therapie nur mit 5-FU/FA eine Progredienz zeigten, eine Second-line-Chemotherapie erhielten, entweder Oxaliplatin oder CPT-11 oder eine Kombination aus Oxaliplatin + CPT-11. Bei weitergehender Analyse zeigte sich ferner, dass im Oxaliplatin-Behandlungsarm Patienten mit negativen Prognosefaktoren überrepräsentiert waren. Nach statistischer Adjustierung in Bezug auf den Performance-Status, die Zahl der betroffenen Organe und die prätherapeutischen Werte für die alkalische Phosphatase ergab sich ein statistisch signifikanter Unterschied (p = 0,01) im Gesamtüberleben.

Unterstützt werden die positiven Ergebnisse dieser Multicenter-Studie durch eine weitere First-line-Therapiestudie von Giachetti et al. [5]. Auch hier wurden Patienten mit metastasiertem CRC (WHO-Performance-Status ≤ 2, Alter ≤ 75 Jahre, keine adjuvante Chemotherapie innerhalb der letzten 6 Monate) entweder mit 5-FU/FA allein oder zusätzlich mit Oxaliplatin (125 mg/m² an Tag 1, q 3 Wochen) behandelt. Im Unterschied zur Studie von de Gramont et al. [3] erhielten hier 200 Patienten 5-FU/FA chronomoduliert. Auch hier zeigte sich im Oxaliplatin+5-FU/FA-Arm eine eindrucksvolle, fast verdreifachte RR von 34% im Vergleich zu 12% im 5-FU/FA-Arm (p < 0,001). Das progressionsfreie Überleben (sekundärer Endpunkt der Studie) konnte auch in dieser Studie von 4,2 Monaten bei alleiniger 5-FU/FA-Therapie auf 8,3 Monate bei Zugabe von Oxaliplatin verlängert werden (p = 0,05) (Abb. 3). Hervorzuheben ist, dass das Gesamtüberleben in beiden Armen mit 19,9 vs. 19,4 Monaten außergewöhnlich lang war.

Untersucht man den weiteren Therapieverlauf dieser Patienten, so fallen folgende Besonderheiten auf: Zum einem wurde bei der Mehrzahl der Patienten nach Studienende eine «Cross-over»-Chemotherapie durchgeführt. So erhielten im 5-FU/FA-Arm 64% bzw. 26% der Patienten eine Second-line-Therapie mit Oxaliplatin bzw. CPT-11. Zum anderen war nach der Chemotherapie bei einem Drittel der Patienten ein chirurgisches Vorgehen (Resektion vorher nicht operabler Lebermetastasen) möglich. Beide Tatsachen sind wohl für das auffällig lange Überleben der Patienten in dieser Studie mitverantwortlich.

Günstiges Verträglichkeitsprofil

Betrachtet man die zusätzlich durch Oxaliplatin induzierte Toxizität im Vergleich zur alleinigen 5-FU/FA-Therapie, so war in der Studie von de Gramont et al. [3] ein signifikanter Unterschied bezogen auf die Zahl der Patienten/Zyklen nur in Hinblick auf die Grad-3/4-Stomatitis (6/0,5% im Vergleich zu 1/0,1%) und Grad-3/4-Diarrhöe (12/1,4% im Vergleich zu 5/0,5%) festzustellen. Insgesamt waren diese Symptome aber nur bei einem sehr kleinen Prozentsatz der Patienten nachzuweisen. Eine Neutropenie Grad 3/4 war im Oxaliplatin-Arm bezogen auf die Patientenzahl bzw. bezogen auf die Anzahl der Zyklen mit 43 vs. 7% bzw. 6 vs. 1% zwar häufiger, zusätzliches Fieber Grad 2 war allerdings nur in 1 vs. 0,5% bzw. 0,08 vs. 0,04% aufgetreten. Insgesamt waren die sonstigen gastrointestinalen und hämatologischen Toxizitäten in beiden Armen vergleichbar gering.

Akute neurosensorische Symptome im Sinne einer kälteabhängigen Parästhesie Grad 3 an den distalen Extremitäten bzw. im Pharyngo-Larynx-Areal waren in der Studien von de Gramont et al. [3] jeweils bei nur 0,5% und bei André et al. [6] und van Cutsem [7] in 2,6 bzw. 1,5% der Fälle nachzuweisen.

Zusammengefasst lässt sich feststellen, dass bei einer First-line-Therapie von Patienten mit CRC durch die Zugabe von Oxaliplatin zu 5-FU/FA nur eine geringe Zunahme von Diarrhöe und Stomatitis zu beobachten ist. Die akuten und kumulativen neurosensorischen Symptome sind im Allgemeinen beherrschbar und reversibel.

Die Suche nach der optimalen Behandlungssequenz

Eine zur Zeit laufende Studie aus der Arbeitsgruppe von de Gramont vergleicht das Schema FOLFIRI (CPT-11 + FU/FA nach dem de-Gramont-Schema) gefolgt von FOLFOX (Oxaliplatin + FU/FA nach dem de-Gramont-Schema) mit einer Sequenz von FOLFOX gefolgt von FOLFIRI. Erste Zwischenergebnisse in der First line zeigen, dass ein etwa gleiches Ansprechen zu erwarten ist (siehe Abstract 1031, S. 21).
Eine zur Zeit in den USA laufende Studie (NCCTG Trial N9741), die das Gesamtüberleben als primäres Ziel hat, vergleicht in 3 Armen die Kombinationen aus 5-FU/FA (de Gramont) + Oxaliplatin mit 5-FU/FA + CPT-11 (Saltz) bzw. mit Oxaliplatin + CPT-11.

Oxaliplatin auch für die Second-line-Therapie

Zur Frage, ob Oxaliplatin auch in der Second-line-Therapie Vorteile bietet, sind folgende Studien durchgeführt worden:
In einer Phase-II-Studie von André et al. [6] wurden 100 Patienten mit metastasiertem CRC aufgenommen, bei denen es innerhalb von 6 Monaten, nach einer alleinigen 5-FU/FA-Behandlung (FOLFUHD oder LV5FU2) zur Progression kam. Die Patienten erhielten neben dem 5-FU/FA-Schema, das bis zur Progression ihrer Erkrankung angewandt wurde, zusätzlich Oxaliplatin (85 mg/m^2 an Tag 1, q 2 Wochen) (Abb. 4). Bei beiden Therapieschemata lag die RR bei etwa 20% (22,8 bzw. 17,5%). Diese beeindruckenden Zahlen sind vergleichbar mit einer Second-line-Therapie mit CPT-11. Gleiches gilt für die Überlebenszeiten.
In einer anderen Phase-II-Studie (EFC 2917, [7]) wurden Oxaliplatin und 5-FU/FA als Second-line-Therapie bei Patienten mit fortgeschrittenem CRC gegeben. Die Patienten waren mit 4 verschiedenen 5-FU/FA-Schemata vorbehandelt und hatten innerhalb von 2 Monaten eine Progression entwickelt. Bisher sind 2 Strata ausgewertet. Auch hier beließ man die Patienten auf dem ursprünglichen 5-FU-Schema, gab aber zusätzlich Oxaliplatin in einer Dosierung von 85 bzw. 130 mg/m^2 an Tag 1, alle 2 bzw. 3 Wochen. Die Ansprechraten lagen in dieser Studie bei 13,0% (Oxaliplatin + 5-FU/FA-Bolus) und 7% (Oxaliplatin + 5-FU/FA-Infusion). Die mittlere Überlebenszeit betrug nach Beginn der Second-line-Therapie 10,8 bzw. 10,1 Monate.

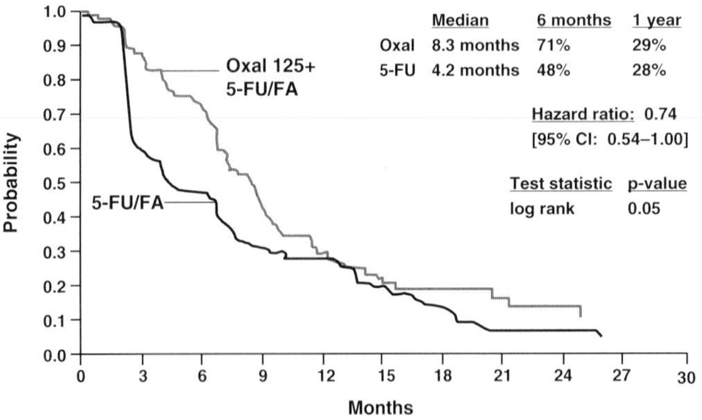

Abb. 3. Raten des progressionsfreien Überlebens nach Kaplan-Meier bei Patienten, die mit 5-FU/FA + Oxaliplatin oder mit 5-FU/FA alleine behandelt wurden [5]. Oxal 125 = Oxaliplatin 125 mg/m^2.

- progression within 6 months of 5-FU
- up to 2 prior 5-FU-based regimens

de Gramont / bimonthly		modified de Gramont	
oxaliplatin:	85 mg/m^2 2-hour IV day 1 every 2 weeks	oxaliplatin:	85 mg/m^2 2-hour IV day 1 every 2 weeks
FA:	200 mg/m^2 2-hour IV followed by	FA:	500 mg/m^2 2-hour IV followed by
5-FU:	400 mg/m^2 bolus	5-FU:	1,500 mg/m^2 CIV 22 hours days 1 & 2, every 2 weeks (n = 40)
5-FU:	600 mg/m^2 CIV 22 hours days 1 & 2, every 2 weeks (n = 57)		

Abb. 4. Studiendesign der Studie von de André et al. (EFC 2964). IV = Infusion; CIV = continuous infusion.

Ansätze für weitere Studien

Besonders die adjuvante Therapie hat zur Verlängerung des Überlebens bei Patienten mit CRC beigetragen. Es besteht im Allgemeinen Übereinstimmung darüber, dass eine 6- bis 8-monatige Therapie mit 5-FU/FA zur Zeit die Standardbehandlung bei Lymphknoten-positiven Patienten ist. Bezüglich neuer Kombinationen bei der adjuvanten Chemotherapie des CRC werden bereits diesseits und jenseits des Atlantiks Studien geplant bzw. durchgeführt. Mit der Kombination 5-FU/FA ± Oxaliplatin befassen sich in Europa die MOSAIC- sowie in den USA die NSABP-Studie.
In Zukunft werden nicht allgemeine Therapieempfehlungen die Regel sein, statt dessen werden individuelle Therapiekonzepte für den einzelnen Patienten angeboten werden. Vorstellbar ist, dass die entsprechenden Chemotherapeutika nicht für die Patientenpopulation als Ganzes, sondern basierend auf Prognosefaktoren (z.B. Thymidylat-Synthase, DCC, «microsatellite instability» und andere) ausgewählt werden.

Literatur

1 TDU 3099. Sanofi-Synthelabo, data on file.

2 TDU 3131. Sanofi-Synthelabo, data on file.

3 de Gramont A, Figer A, Seymour M, Homerin M, Hmissi A, Cassidy J, Boni C, Cortes-Funes H, Cervantes A, Freyer G, Papamichael D, LeBail N, Louvet C, Hendler D, de Brand F, Wilson C, Morvan F, Bonetti A: Leucovorin and fluorouracil with or without oxaliplatin as first-line treatment in advanced colorectal cancer. J Clin Oncol 2000;18:(in press).

4 de Gramont A, Figer A, Seymour M, Homerin M, LeBail N, Cassidy J, Boni C, Cortes-Funes H, Freyer G, Hendler D, Louvet C: A randomized trial of Leucovorin (LV) and 5-fluorouracil (5-FU) with or without oxaliplatin in adranced colorectal cancer (CRC). Proc ASCO 1998;34:abstract no 985.

5 Giacchetti S, Perpoint B, Zidani R, Le Bail N, Faggiuolo R, Focan C, Chollet P, Llory JF, Letourneau Y, Coudert B, Bertheaut-Cvitkovic F, Larregain-Fournier D, Le Rol A, Walter S, Adam R, Misset JL, Levi F: Phase III multicenter randomized trial of oxaliplatin added to chronomodulated fluorouracil-leucovorin as first-line treatment of metastatic colorectal cancer. J Clin Oncol 2000;18:136–147.

6 André T, Bensmaine MA, Louvet C, Francois E, Lucas V, Desseigne F, Beerblock K, Bouche O, Carola E, Merrouche Y, Morvan F, Dupont-Andre G, de Gramont A: Multicenter phase II study of bimonthly high-dose leucovorin, fluorouracil infusion, and oxaliplatin for metastatic colorectal cancer resistant to the same leucovorin and fluorouracil regimen. J Clin Oncol 1999;17:3560–3568.

7 van Cutsem, Szanto J, Roth A, Humblet Y, Köhne CH, Wils J, Lorenz M, Borner M, Schöffski P, Tabah-Fisch I:Evaluation of the addition of oxaliplatin (OXA) to the same Mayo or German 5-FU regimen in adranced refractory colorectal cancer (ARCRC). Proc ASCO 1999;35:abstract no 900.

ONKOLOGIE

Abstracts

Onkologie 2000;23(suppl 5):9-36

Oxaliplatin: First-line-Studien

Abstract 984 (Poster)

BOLUS 5-FLUOROURACIL (5-FU) / FOLINIC ACID (FA) (MAYO CLINIC) VERSUS WEEKLY, HIGH-DOSE 24-HOUR 5-FU INFUSION + FA PLUS OXALIPLATIN (L-OHP) IN ADVANCED COLORECTAL CANCER (CRC). A RANDOMIZED PHASE III STUDY

T. Buechele, H. Kroening, P. Reichardt, M. Clemens, W.D. Hirschmann, W. Freier, R. Grunewald, K. Ridwelski, W. Asperger, A. Grothey, W.E. Fleig, H.J. Schmoll

Martin-Luther-University, Halle, Germany; Magdeburg-Altstadt Hosp, Magdeburg, Germany; RRK, Campus Berlin Buch, Berlin, Germany; Borromaeerinnen Hosp, Trier, Germany; City Hosp, Kassel, Germany; Private Practice, Hildesheim, Germany; St Marien Hosp, Amberg, Germany; Otto von Guericke Univ, Magdeburg, Germany; St Elisabeth Hosp, Halle, Germany

Hintergrund/Studiendesign: Oxaliplatin ist ein neues Platinderivat mit vielversprechender Aktivität bei Patienten mit kolorektalem Karzinom (CRC). Es zeigt Synergien in Kombination mit 5-FU. In einer früheren Phase-II-Studie mit 5-FU-refraktären Patienten (Pat) mit CRC konnte von der Arbeitsgruppe gezeigt werden, dass die wöchentliche Gabe von Oxaliplatin 50 mg/m^2 2-Stunden-Infusion (inf) gefolgt von FA 500 mg/m^2 2-Stunden-inf und 5-FU 2000 mg/m^2 24-Stunden-inf Tag 1, 8, 15, 22, q Tag 36 gut verträglich und wirksam ist [ASCO 1998, abstract 1106]. Damals konnte bei 15% der Pat eine objektive Remission und bei über 60% der Pat eine Krankheitsstabilisierung über mehrere Monate erzielt werden. Basierend auf diesen ermutigenden Ergebnissen wurde eine randomisierte Multicenter-Phase-III-Studie initiiert, in der das genannte Oxaliplatin/5-FU/FA-Schema (Arm B) mit dem Bolus-5-FU/FA-Mayo-Clinic-Protocol (FA 20 mg/m^2 Bolus, 5-FU 425 mg/m^2 Bolus, Tag 1–5, q Tag 29) (Arm A) als First-line-Therapie bei Pat mit fortgeschrittenen CRC verglichen wurde. In die Studie wurden nicht vorbehandelte Pat mit histologisch gesicherten, inoperablen und/oder metastasierten Adenokarzinomen von Kolon oder Rektum aufgenommen. **Patienten-Charakteristika:** Von 60 teilnehmenden Zentren wurden von Dezember 1998 bis Februar 2000 252 Pat in die Studie aufgenommen (Arm A 129, Arm B 123). M/F: 91/38 (Arm A), 87/36 Arm B. Medianes Alter 63/62,5 Jahre (Arm A/Arm B). **Ergebnisse:** Vorläufige Toxizitätsdaten sind für 164 (809 Zyklen) von 252 Pat verfügbar. In beiden Behandlungsarmen zeigten sich ähnliche Toxizitätsprofile, mit der Ausnahme von Mukositis (Arm A) und Neurotoxizität (Arm B). Letztere war mit der Zahl der Therapiezyklen und der kumulativen Oxaliplatin-Dosis korreliert. Diarrhöe und Myelotoxizität waren in beiden Armen nur mild ausgeprägt. Wenige Wochen nach Ende der Studie stehen noch keine Daten zur Ansprechrate zur Verfügung. Vorläufige Daten bezüglich Krankheitsprogression und progressionsfreies Überleben sind für 164 Patienten (83 Arm A, 81 Arm B) mit einem medianen Follow-up von 209 Tagen verfügbar. Eine Krankheitsprogression ist bei 58/83 Pat (69,9%) in Arm A und bei 37/81 Pat (45,7%) in Arm B dokumentiert. Obwohl dieser Unterschied statistisch signifikant ist (p = 0,0025, Log-rank-Test), muss das Ergebnis noch durch die Analyse der gesamten Studienpopulation mit einem längeren Follow-up bestätigt werden. Aus den vorgestellten, vorläufigen Daten lassen sich folgende **Schlussfolgerungen** ziehen: Das Toxizitätsprofil von Oxaliplatin/5-FU/FA ist vergleichsweise günstiger als das vom Mayo-Clinic-Protokoll, mit der Ausnahme einer kumulativen sensorischen Neurotoxizität. Die ersten Daten bezüglich Zeit bis zur Progression und progressionsfreies Überleben sind ermutigend, müssen aber noch bestätigt werden. Weitere Analysen werden die Bedeutung von Oxaliplatin als Teil einer auf 5-FU basierenden First-line-Kombination bei Pat mit fortgeschrittenen CRC herausstellen. In seiner momentanen Form kann das Schema mit wöchentlicher Gabe von Oxaliplatin und geringer Toxizität als Basis für die Entwicklung weiterer Protokolle zur Behandlung des CRC dienen. Zu nennen sind hier z.B. 5-FU/FA/Oxaliplatin/CPT-11 oder Oxaliplatin plus orale Fluoropyrimidine/5-FU prodrugs wie Capecitabin.

KARGER

Fax +49 761 4 52 07 14
E-mail Information@Karger.de
www.karger.com

Accessible online at:
www.karger.com/journals/onk

Abstract 1111

TWO PHASE II STUDIES WITH THE COMBINATION OF OXALIPLATIN (L-OHP) + 5-FLUOROURACIL (5-FU)+ LEUCOVORIN (LV) AS FIRST LINE TREATMENT IN PTS WITH METASTATIC COLORECTAL CANCER (MCC)

M. Vassilaki, N. Desses, V. Parassiris, T. Pavlidis, G. Kallimanis, A. Roussakis, P. Thomou, D. Linos
Hygeia Hosp, Athens, Greece

Hintergrund: Oxaliplatin ist eine Platinverbindung, die bei metastasierten kolorektalen Karzinomen (MCC) wirksam ist. In 2 nichtrandomisierten Phase-II-Studien sind Patienten (Pat) mit MCC mit Oxaliplatin + 5-FU + LV behandelt worden. **Therapie:** LV 200 mg/m²/1 h i.v., gefolgt von 5-FU 450mg/m² i.v. als Bolusgabe an Tag 1, 2 und Oxaliplatin 75mg/m²/4 h i.v. Tag 1, Wiederholung alle 2 Wochen (Studie I). LV 200 mg/m²/1 h i.v., gefolgt von 5-FU 450mg/m² i.v. als Bolusgabe und Oxaliplatin 35 mg/m²/3 h i.v. wöchentliche Gabe (Studie II). **Patienten:** Von Juni 1997 bis September 1998 wurden 16 Pat (15 auswertbar) in Studie I sowie von September 1998 bis November 1999 11 Pat (8 auswertbar, 2 noch zu früh) in Studie II aufgenommen. Bei den Pat lag eine messbare Erkrankung vor, sie hatten keine vorhergehende Therapie gegen das MCC erhalten. Eine adjuvante Chemotherapie (CT) war mehr als 3 Monate vorher beendet worden. *Patienten-Charakteristika in Studie I:* Medianes Alter 63 (27–85) Jahre. M/F 11/5. PS0 3, PS1 8, PS2 5. Metastasen-Lokalisation: Leber 9; ≥2 Lokalisationen 10. Frühere adjuvante CT 4. *Patienten-Charakteristika in Studie II:* Medianes Alter 61 (39–71) Jahre. M/F 5/6. PS0 5, PS1 3, PS2 3. Metastasen-Lokalisation: Leber 5, ≥2 Lokalisationen 6. Frühere adjuvante CT 3. Es wurden 169 Zyklen mit insgesamt 21 365 mg Oxaliplatin in Studie I und 165 Zyklen mit insgesamt 10 925 mg Oxaliplatin in Studie II gegeben. Gabapentin verbesserte bei einigen Pat die Symptome einer peripheren Neuropathie. Hämatologische Toxizität, Erbrechen, Diarrhöe und Stomatitis waren nicht schwerwiegend ausgeprägt und beherrschbar. **Ergebnisse:** Studie I: 15 auswertbare Pat mit 4 CR, 6 PR, 3 SD, 2 NR (CR + PR 66%). Studie II: 8 auswertbare Pat mit 2 CR, 2 PR, 3 SD, 1 NR (CR + PR 50%). 4 Pat mit CR waren krankheitsfrei nach 23, 19, 9 und 6 Monaten. Das mediane Überleben beträgt zur Zeit 18+ (10–24+) Monate in Studie I und 9+ (4–14+) Monate in Studie II. Das zur Zeit auswertbare progressionsfreie Überleben (PFS) dauerte in Studie I 9,5 (5–23+) Monate und in Studie II 8 (4–12+) Monate. Die Ergebnisse dieser beiden Studien sind statistisch nicht vergleichbar (nicht randomisiert, unterschiedliche Beobachtungsperioden). CEA und CA19-9 fielen bei allen Pat mit Ansprechen ab. **Schlussfolgerung:** Die Ergebnisse der vorgestellten Studien zeigen, dass eine First-line-Chemotherapie des MCC mit LV + 5-FU + Oxaliplatin, selbst bei älteren Patienten, eine hoch wirksame und gut verträgliche Kombination darstellt.

Abstract 1177

BIWEEKLY OXALIPLATIN PLUS WEEKLY 48-HOUR CONTINUOUS INFUSION (CI) 5-FU (TTD REGIMEN) IN FIRST LINE TREATMENT OF ADVANCED COLORECTAL CANCER (ACC)

A. Abad, M. Navarro, J. Sastre, J. Cervantes, A. Antón, E. Marcuello, B. Massutti, A. Carrato, E. Aranda, M. Guillot, M. García, E. Diaz-Rubio, J. Taboada, L. Boudiaf
Hosp Trias i Pujol, Barcelona, Spain;
TTD Spanish Cooperative Group; Sanofi-Synthelabo

Hintergrund/Studienziel: Die Kombination von Oxaliplatin mit verschiedenen 5-FU-Protokollen mit kontinuierlicher Infusion (CI) zeigt eine hohe Aktivität bei Patienten (Pat) mit fortgeschrittenen kolorektalen Karzinomen (ACC). In einer Phase-II-Studie sollte die Verträglichkeit und Wirksamkeit von Oxaliplatin in Kombination mit dem TTD-Hoch-Dosis-CI-5-FU-Schema bestimmt werden. 90 Patienten (Pat) wurden in die Studie aufgenommen. **Therapie/Toxizität/Ergebnisse:** Die ersten 58 Pat (alle älter als 18 Jahre, ECOG PS 0–2) erhielten Oxaliplatin 85 mg/m² q2 Wochen und wöchentlich 5-FU 3 g/m² 48-Stunden-CI. Hierbei war ein hoher Prozentsatz von Grad-3–4-NCI-CTC-Toxizitäten (pro Pat) festzustellen: 46% Diarrhöe, 20% Granulozytopenie und 15% Mukositis. Eine Grad-1–2(spezifische Skala)-sensorische periphere Neuropathie hatten 86% der Pat. Diese Toxizitäten führten in den folgenden Zyklen zu einer Dosisreduktion von 5-FU bei 57% der Pat und von Oxaliplatin bei 24% der Pat. Die Wirksamkeit war mit einer Ansprechrate (RR) von 58% hoch. Bei 4% der Pat war ein komplettes Ansprechen (CR), bei 54% ein partielles Ansprechen (PR) und bei 37% der Pat eine Krankheitsstabilisierung (SD) festzustellen. Eine zweite Gruppe mit 31 Pat erhielt Oxaliplatin 85 mg/m² q2 Wochen und 5-FU 2,25 g/m² seit dem ersten Zyklus. Die Grad-3–4-NCI-CTC-Toxizitäten waren darunter deutlich vermindert, mit 20% Diarrhöe, 3% Mukositis. Hämatologische Toxizitäten traten hier nicht auf. Nur bei 13% der Pat war eine Dosisreduktion von 5-FU erforderlich. Bei den ersten 24/31 Pat in dieser zweiten Gruppe war eine RR von 46% und eine SD von 54% zu verzeichnen. **Schlussfolgerung:** Die Kombination aus Oxaliplatin alle 2 Wochen und wöchentlicher Hoch-Dosis-CI von 2,25 g/m² 5FU (TTD-Schema) zeigt eine gute Wirksamkeit bei der First-line-Therapie des ACC, mit nur milder Toxizität.

Abstract 1189

FIRST-LINE TREATMENT WITH 5-FLUOROURACIL (5-FU), LEUCOVORIN (LV) AND OXALIPLATIN IN ADVANCED COLORECTAL CANCER (ACC): A MULTICENTER PHASE II STUDY

J. Souglakos, C. Kouroussis, N. Ziras, N. Malamos, A. Potamianou, D. Mavroudis, S. Kakolyris, K. Kalbakis, N. Vardakis, E. Kremos, G. Samonis, V. Georgoulias
The Greek Cooperative Group for GI Tumors, Heraklion, Greece

Hintergrund: In einer Multicenter-Phase-II-Studie wurden Wirksamkeit und Toxizität einer 5-FU/LV(de-Gramont-Schema)- und Oxaliplatin-Kombination bei Patienten (Pat) mit fortgeschrittenen kolorektalen Karzinomen (ACC) bestimmt. **Patienten/Methodik:** 33, noch nicht mit Chemotherapie vorbehandelte Pat mit ACC wurden in die Studie aufgenommen [medianes Alter: 69 Jahre; männlich/weiblich 18/15; PS (WHO) 0/1/2: 14/16/3; vorhergehende chirurgische Maßnahmen: 16 Pat; adjuvante Chemotherapie: 12 Pat; adjuvante Strahlentherapie: 6 Pat; Anzahl der Metastasenlokalisationen 1/2/≥3: 13/11/9]. Oxaliplatin wurde in einer Dosierung von 100 mg/m^2 am Tag 1 als 2-Stunden-Infusion gegeben. Simultan erhielten die Pat über einem separaten i.v. Zugang LV (200 mg/m^2 an Tag 1 und 2), gefolgt von einer 5-FU-Bolus-Infusion i.v. in einer Dosierung von 400.mg/m^2/Tag und einer kontinuierlichen i.v. 22-Stunden-Infusion mit einer Dosierung von 600 mg/m^2 an Tag 1 und 2. Das Schema wurde alle 2 Wochen wiederholt. **Ergebnisse:** Alle Pat konnten bezüglich Toxizität und 26 Pat bezüglich Ansprechen ausgewertet werden. Ein komplettes Ansprechen (CR) erzielte man bei 3 (11,5%) und ein partielles Ansprechen (PR) bei 5 (19%) Pat (ORR = 30,5%, 95% CI 13,3–48,5%). 9 (35%) Pat hatten eine Krankheitsstabilisierung (SD) und 9 (35%) eine Progression (PD). Die mediane Ansprechdauer betrug 4 Monate. Die mediane Zeit bis zur Progression (TTP) und das mediane Überleben sind nach einer medianen Follow-up-Zeit von 6 Monaten noch nicht erreicht worden. Eine Grad-3/4-Neutropenie trat bei 16 (48%) Pat auf, eine febrile Neutropenie bei 1 Pat (3%), eine Grad-3-Anämie bei 2 (6%) Pat, eine Grad-3-Thrombozytopenie bei 3 (9%) Pat, eine Grad-2- bzw. Grad-3-periphere Neuropathie bei 3 (9%) bzw. bei 2 (6%) Pat, eine Grad-3-Diarrhöe und Mukositis bei 1 (3%) Pat. Es traten keine Therapie-bedingten Todesfälle auf. Die mediane Dosisintensität für Oxaliplatin war 80%, für 5-FU 86% und für LV 86% der geplanten Dosierung. **Schlussfolgerung:** Die Kombination aus 5-FU/LV + Oxaliplatin ist ein Schema, das bei Pat mit ACC gut verträglich und wirksam ist. Eine Krankheitsstabilisierung konnte bei einem hohen Prozentsatz der Pat erreicht werden.

Oxaliplatin bei Lebermetastasen

Abstract 936 (Oral Presentation)

FINAL EFFICACY UPDATE AT 7 YEARS OF FLAT VS CHRONOMODULATED INFUSION (CHRONO) OF OXALIPLATIN, 5-FLUOROURACIL AND LEUCOVORIN AS FIRST-LINE TREATMENT OF METASTATIC COLORECTAL CANCER

F.A. Levi, R. Zidani, J.-F. Llory, L. Dogliotti, B. Perpoint, S. Iacobelli, P. Chollet, C. Focan, C. Garufi, A. Le Rol, S. Giacchetti, J.-L. Misset
Intl Organization for Cancer Chronotherapy, Villejuif, France

Hintergrund: Zirkadiane Rhythmen sind bezüglich Verträglichkeit und Wirksamkeit von 5-Fluorouracil (5-FU) und Oxaliplatin im Maus-Tumor-Modell, bei DPD- und TS-Aktivität menschlicher mononukleärer und oraler Mukosazellen sowie bei der Pharmakokinetik von 5-FU und Oxaliplatin nachgewiesen worden. Die Relevanz einer chronomodulierten Infusion (chrono*)* bezüglich Verträglichkeit und Tumoransprechen wurde in 2 randomisierten Multicenter-Studien nachgewiesen [J Natl Cancer Inst 1994;86:1608–1617; Lancet 1997;350:681–686]. Von Mai 1990 bis Februar 1992 therapierte man 278 Patienten (Pat) mit metastasierten kolorektalen Karzinomen (CRC) mit 5-FU (600–700 mg/m^2/Tag) + FA (300 mg/m^2/Tag) + Oxaliplatin (20–25 mg/m^2/Tag) über 5 Tage, q 3 Wochen. 140 Pat erhielten das Schema als normale, konstante Infusion (flat infusion, flat), 138 Pat als chronomodulierte Therapie (chrono) mit Maxima für Oxaliplatin um 16:00 Uhr und für 5-FU/FA um 04:00 Uhr. **Studienziel:** Bestimmung der Wirksamkeit 7 Jahre nach Therapie anhand der Daten beider Studien. **Methodik:** Bis zu einer Progression wurde alle 2 Monate mittels Computertomographie das Ansprechen beurteilt. Das letzte update bezüglich Progression und Überleben wurde im September 1999 veranlasst. **Ergebnisse:** Die objektive Ansprechrate (response rate, RR) war 30% (95% confidence limits, 24–36%) nach flat im Vergleich zu 51% (43–60%) nach chrono (χ^2, p < 0,001). Eine komplette chirurgische Metastasen-Resektion nach der Chemotherapie konnte bei 12,8% (7,2–18,4%) der Pat unter flat im Vergleich zu 23,2% (16,0–30,4) der Pat unter chrono (χ^2, p < 0,001) erzielt werden. Das mediane progressionsfreie Überleben (PFS) war 7,5 (6,9–9,0) Monate mit flat und 10,3 (8,8–12,5) Monate mit chrono (Log-rank, p = 0,039). Das mediane Überleben betrug 16,5 (14,5–18,5) Monate unter flat im Vergleich zu 18,6

(15,5–22,2) Monate unter chrono (p = 0,22). Die 5-Jahres-Überlebensraten waren 12,6 bzw. 15,2% nach 5 Jahren und 6,6 bzw. 7,1% nach 7 Jahren. Drei Gründe können für das Fehlen signifikanter Unterschiede bezüglich der Überlebensdaten verantwortlich sein: 1) nicht ausreichende statistische «power» 2) ein Ungleichgewicht der Inzidenz der Pat mit rezidivierender metastasierender Erkrankung nach vorhergegangener Lebermetastasen-Resektion (10% der Pat randomisiert zu flat vs. 22% randomisiert zu chrono; χ^2, p < 0,001); 3) «cross-over» von flat zu chrono bei 36 Pat (26%) mit einer Auswirkung auf das mediane Überleben (non-cross-over: 14,7 Monate; cross-over: 18,5 Monate; p = 0,043). **Schlussfolgerung:** Die Analyse der gepoolten Daten von 2 Multicenter-Studien zeigte, dass durch die Chronotherapie Verträglichkeit und objektive RR sowie komplette RR (mit Einbeziehung der Chirurgie) verbessert werden. Auch das PFS wird dadurch verlängert. Die Hypothese, dass eine Chronotherapie auch das Überleben verlängert, wird zur Zeit durch die EORTC Chronotherapy Study Group (EORTC 5963) in einer Phase-III-Studie an 30 Zentren in 9 Ländern untersucht. (Unterstützt durch ARTBC, Villejuif, F. und Debiopharm, Lausanne, Schweiz).

Zu der oben beschriebenen Studie von Levi et al. ist zu bemerken, dass eine komplette Metastasenresektion nach der Behandlung mit 5-FU + FA + Oxaliplatin bei etwa 13% (flat) und 23% (chrono) der Pat mit metastasiertem CRC durchführbar war. *Die durch die Chemotherapie möglich gewordene, chirurgische Metastasenresektion ist ein wesentlicher prognostischer Faktor bezüglich PFS und Überleben.*

Die Studie von Levi et al. und zwei weitere Arbeiten [*Abstract 935:* Weekly 24h Infusion of High-Dose (HD) 5-Fluorouracil (5-FU_{24H}) with or without Folinic Acid (FA) vs. Bolus 5-FU/FA (NCCTG/MAYO) in Advanced Colorectal Cancer (CRC): A Randomized Phase III Study of the EORTC GITCCG and the AIO, J. Schmoll et al. und *Abstract 938:* Combined Analysis of Two Phase III Randomized Trials Comparing Irinotecan (C), Fluorouracil (F), Leucovorin (L) vs F Alone as First-Line Therapy of Previously Untreated Metastatic Colorectal Cancer (MCRC), L. B. Saltz] wurden auf Grund der vom ASCO-Komitee eingeschätzten Bedeutung als Vorträge akzeptiert und gemeinsam diskutiert. Die Diskussion stellte Daniel G. Haller, MD (University of Pennsylvania Cancer Center, Philadelphia, PA) unter das Motto «Chemotherapy for Metastatic Colorectal Cancer: Making Sense of It All». Für die heterogene Gruppe der Patienten mit metastasiertem CRC müssen, so Haller, abhängig von Größe und klinischer Auswirkung der Metastasen, verschiedene Therapieoptionen in Betracht gezogen werden. Ausgehend von einem «watchful waiting», übergehend zu einer Monotherapie, wird wohl die Kombinations-Chemotherapie von zunehmender Bedeutung sein. Er zeigte die «Wunschliste» der NCI Colorectal Cancer Progress Review Group, die vermehrt lokale und regionale Therapien des CRC erwartet und sich eine beschleunigte Entwicklung neuer Chemotherapeutika, auch in Hinblick auf andere Studienendpunkte wünscht. Sie hofft, dass biologische Marker sowohl beim Patienten als auch bei den Krebszellen charakterisiert werden können, die eine bessere Prognose und Therapieanpassung zulassen werden.

Abstract 1132

PHASE I AND PHARMACOKINETIC STUDY OF HEPATIC ARTERIAL INFUSION WITH OXALIPLATIN, FOLINIC ACID, AND 5-FLUOROURACIL IN PATIENTS WITH HEPATIC METASTASES FROM COLORECTAL CANCER

W. Kern, B. Beckert, N. Lang, M. Beykirch, T. Waggershauser, J. Braess, A. Schalhorn, W. Hiddemann
Univ Hosp Grosshadern, Ludwig-Maximilians-University, Munich, Germany

Hintergrund: Die Therapie von Patienten (Pat) mit Lebermetastasen von kolorektalen Tumoren (CRC) wird kontrovers diskutiert. Da Oxaliplatin sich bei Pat mit fortgeschrittenem CRC bei systemischer Gabe als wirksam erwiesen hat, stellt sich die Frage, ob durch eine regionale Gabe von Oxaliplatin ein besseres Ansprechen der Lebermetastasen zu erzielen ist. **Studienziel** war die Bestimmung von maximal verträglicher Dosis (MTD), Dosis-limitierender Toxizität (DLT) und Pharmakokinetik (PK) von Oxaliplatin bei intraarterieller Infusion in Kombination mit Folinsäure (FA) und 5-Fluorouracil (FU). **Methodik/Therapieschema:** Pat mit Lebermetastasen eines CRC erhielten in die Arteria hepatica über ein inguinal implantiertes Portsystem täglich FA 200 mg/m^2 und FU 600 mg/m^2 jeweils als 2-Stunden-Infusion sowie Oxaliplatin als 4-Stunden-Infusion an Tag 2. Die Anfangsdosierung von Oxaliplatin war 25 mg/m^2. Schrittweise wurde sie um 25 mg/m^2 gesteigert. **Patienten/Ergebnisse:** Bis jetzt sind 15 Pat in die Studie aufgenommen worden, 12 sind voll auswertbar. Es wurde noch keine DLT beobachtet. Toxizitätsymptome waren hauptsächlich Übelkeit und Erbrechen (9/12 Fällen), Schmerzen (6/12), Mukositis (5/12), sensorische Neuropathie (4/12), Diarrhöe (4/12) und Thrombozytopenie (3/12). Toxizität NCI-CTC Grad III waren Thrombozytopenie (je 1 Fall bei Dosierungsstufe 3 und 4), Diarrhöe (1/Dosierungsstufe 1) und Hyperbilirubinämie (1/Dosierungsstufe 1). PK-Analysen zeigen, dass bei den ersten 3 Dosierungsstufen die Fläche unter der Kurve (3223/5497/8026 mg × h/ml), die terminale Halbwertszeit (16,18 h) sowie die renale Clearance (148 ml/min) zu den entsprechenden Werten einer intravenösen Gabe vergleichbar sind. **Schlussfolgerung:** Die Kombination einer regionalen Gabe von Oxaliplatin mit FA und FU wird gut vertragen. Eine weitere Dosissteigerung ist allerdings erforderlich, um die MTD und DLT zu bestimmen und um die PK einer regionalen Gabe von Oxaliplatin zu charakterisieren.

Abstract 949 (Poster)

FOLFIRI FOLLOWED BY FOLFOX OR FOLFOX FOLLOWED BY FOLFIRI IN METASTATIC COLORECTAL CANCER: WHICH IS THE BEST SEQUENCE? SAFETY AND PRELIMINARY EFFICACY RESULTS OF A RANDOMIZED PHASE III STUDY

C. Tournigand, C. Louvet, T. André, E. Achille, G. Lledo, M. Flesch, G. Ganem, B. Landi, M.-L. Risse, V. Lotz, P. Colin, A. de Gramont

GERCOR, Paris, France; Lab Rhone Poulenc Rorer, Montrouge, France

Hintergrund: 5-FU/FA galt als Standard bei der First-line-Behandlung des metastasierten kolorektalen Karzinoms (MCRC). Das vereinfachte LV5-FU-Schema ist gut verträglich [ASCO 1998, 274a, abstract 2052]. CPT-11 und Oxaliplatin in Kombination mit 5-FU/FA haben ihre Wirksamkeit bei MCRC bewiesen. Sie sind viel versprechende Kombinationen und werden unter Umständen den künftigen Standard einer First-line-Therapie des MCRC darstellen [Lancet 2000;355: 1041–1047; ASCO 1998, 257a, abstract 985]. **Studienziel/Therapie:** Bei nicht vorbehandelten Patienten (Pat) mit nichtresezierbaren MCRC sollte in einer offenen, randomisierten Phase-III-Studie die optimale therapeutische Sequenz – entweder FOLFIRI bis zur Progression, dann gefolgt von FOLFOX (Arm A) oder FOLFOX bis zur Progression, dann gefolgt von FOLFIRI (Arm B) – bestimmt werden. FOLFIRI = alle 2 Wochen CPT-11, 180 mg/m^2, Tag (d) 1, und L-Folinsäure, 200 mg/m^2 d1, 5-FU-Bolus 400 mg/m^2 d1, gefolgt von 5-FU kontinuierliche 46-Stunden-Infusion 2,4–3,0 g/m^2 (vereinfachtes LV5FU2-Schema). FOLFOX = alle 2 Wochen Oxaliplatin 100 mg/m^2 d1 + das gleiche LV5FU-Schema. Als primärer Endpunkt gilt die objektive Response-Rate der gesamten therapeutischen Sequenz. Sekundäre Endpunkte sind Verträglichkeit, Time-to-progression (TTP) und Gesamtüberleben (OS). **Patienten/Ergebnisse:** Insgesamt 226 Patienten (Pat), 113 in jeden Arm, sollen in die Studie aufgenommen werden. Bezüglich Sicherheit in der First-line-Behandlung sind 176 Pat und 1842 Zyklen (c) auswertbar. FOLFIRI (92 Pat): M/F = 53/39, PS 0/1/2 =4 0/37/15, medianes Alter = 61 (29–75) Jahre; FOLFOX (84 Pat): M/F = 59/25, PS 0/1/2 = 39/40/5, medianes Alter = 64 (40–75) Jahre (Tabelle). Die aufgetretenen Toxizitäten sind in beiden Schemata ähnlich, mit der Ausnahme von vermehrt auftretender Alopezie unter FOLFIRI und Neurotoxizität bei FOLFOX. Ansprechen und Progression werden durch externe Begutachter beurteilt. In der First-line-Phase sind 140 Pat ausgewertet worden. Die Ansprechraten sind in beiden First-line-Armen ähnlich: 63% im Arm A und 60% im Arm B, die mediane Zeit bis zur Progression (TTP) ist noch nicht erreicht. Die oben genannten Daten sind die im Abstract veröffentlichten Zahlen. Während des 36th Annual Meeting der ASCO sind auf dem Poster erweiterte Zahlen präsentiert worden. Mittlerweile waren die Zahlen für Pat/c im Arm A auf 110/1340 und im Arm B auf 105/1219 angestiegen. Bezüglich Wirksamkeit in der First-line-Chemotherapie sind im Arm A (FOLFIRI) 105 und im Arm B (FOLFOX) 107 Patienten bewertet worden. Das Ansprechen war im Arm A/Arm B wie folgt: CR + PR 55%/55%, SD 24%/27%, PD 12%/11%, NE 8%/7%. **Schlussfolgerung:** Diese vorläufigen Ergebnisse zeigen eine sehr viel versprechende Ansprechrate in beiden Armen. Beide Sequenzen werden gut vertragen.

Grad-3–4-Toxizität (NCI-CTC)	FOLFIRI				FOLFOX			
	Pat (n = 92)		c (n = 960)		Pat (n = 84)		c (n = 882)	
	n	%	n	%	n	%	n	%
NP	21	25	32	4	31	37	60	6
FN	3	3	3	0.3	1	1	1	0,1
Diarrhöe	9	9	13	1	7	8	10	1
N* (Grad 3)					25	30	77	9
Alopezie (Grad 2)	19	21			8	10		
Übelkeit/Erbrechen	12	13	26	3	3	4	5	0,6

*Modifizierte spezifische Skala, Levi et al.

Abstract 978

FINAL RESULTS OF CPT-11 AND L-OHP (OXALIPLATIN) COMBINATION VERSUS ALTERNATED COMBINATION OF LV5FU2 + CPT-11 / LV5FU2 + LOHP IN 5FU-RESISTANT ADVANCED COLORECTAL CANCER (ACRC)

Y. Bécouarn, M. Mousseau, E. Gamelin, B. Coudert, J. Marceau-Suissa, M. Bekkrada, F. Desseigne
Inst Bergonié, Bordeaux, France; CHU, Grenoble, France; Ctr Paul Papin, Angers, France; Ctr F Leclerc, Dijon, France; Lab Rhône Poulenc Rorer, Montrouge, France; C & AC, Kremlin Bicetre, France; Ctr Léon Berard, Lyon, France

Ziel dieser randomisierten Phase-II-Studie war es, bei Patienten (Pat) mit 5-FU-resistenten, fortgeschrittenen kolorektalen Tumoren (ARC) die Wirksamkeit zweier Chemotherapie-Schemata zu bestimmen, die Irinotecan (CPT-11)/Oxaliplatin mit oder ohne 5-FU enthielten. **Therapieschema:** *Arm A:* CPT-11 (180 mg/m²) Tag 1 (D1) + LV5FU2 (de-Gramont-Schema) D1–D2 (A1) gefolgt von Oxaliplatin (85 mg/m²) D15 + LV5FU2 (gleiches Schema) D15–D16 (A2), der Zyklus (cy) wurde alle 4 Wochen wiederholt. *Arm B:* Oxaliplatin (85 mg/m²) / CPT-11 (200 mg/m²) D1, alle 3 Wochen. **Einschlusskriterien:** CRC mit messbarer Erkrankung; dokumentierte Progression unter 5-FU oder innerhalb von 6 Monaten nach 5-FU-Therapie; ≤ 1 vorhergehendes 5-FU-Paliativ-Schema; Performance-Status ≤ 2. Seit Juli 1997 wurden in Arm A 32 Pat aufgenommen (136 Zyklen wurden gegeben); auswertbar sind 24 Pat bezüglich Wirksamkeit und 32 Pat bezüglich Toxizität; medianes Alter 61 Jahre; PS 0/1/2: 13/17/2. In Arm B wurden 32 Pat aufgenommen (2 nicht behandelt; 195 Zyklen wurden verabreicht); auswertbar sind 29 Pat bezüglich Wirksamkeit und 30 Pat bezüglich Toxizität; medianes Alter 65 Jahre; PS 0/1/2 : 21/8/1. **Ergebnisse** sind in der Tabelle gelistet. **Schlussfolgerung:** Die zwei vorgestellten Therapieschemata können als akzeptable Alternativen nach 5-FU-Versagen eingeschätzt werden. Die Ergebnisse bezüglich Ansprechrate (RR) und Zeit bis zur Progression (TTP) in Arm B sind sehr ermutigend. Weitere Studien, die die im Abstand von 2 Wochen gegebene Kombination mit oder ohne LV5FU2 untersuchen, sind im Gange.

Wirksamkeit	Arm A	Arm B
PR/SD/PD	4 (16%) / 15 (62%) / 5 (21%)	8 (28%) / 13 (45%) / 8 (27%)
TTP, Monate (Bereich)	8 (6–10)	10 (5–15)
Medianes Überleben, Monate	10	12

Toxizität (Grad 3–4)	Arm A Pat		Arm A Zyklen		Arm B Pat		Arm B Zyklen	
	n	%	n	%	n	%	n	%
Neutropenie	14	44	46	34	12	40	27	14
Febrile Neutropenie	4	12	6	4	1	3	1	<1
Diarrhöe	5	15	6	4	2	7	2	1
Übelkeit/Erbrechen	1	3	1	<1	3	10	4	2
Grad-1–2-Neurotoxizität*	17	53	50	38	25	84	71	37

PR = Partielles Ansprechen; SD = Krankheitsstabilisierung; PD = Fortschreiten der Krankheit ; TTP = mediane Zeit bis zur Progression.
*Spezifische Skala [Levi et al.].

Abstract 1049

RANDOMIZED PHASE II STUDY OF OXALIPLATIN OR CPT-11 (CPT) COMBINED WITH BIMONTHLY LEUCOVORIN (L) AND 5-FLUOROURACIL (5-FU) IN METASTATIC COLORECTAL CANCER (MCC). PRELIMINARY REPORT

F. Recchia, S. De Filippis, M. Rosselli, G. Saggio, P.L. Pompili, S. Rea
Civil Hosp Avezzano, Italy; C R O FI Monterotondo, Italy; Univ of L'Aquila, Italy

Hintergrund/Studienziel: Präklinische und klinische Studien (in vitro, in vivo) zeigten, dass Oxaliplatin und CPT-11 bei nicht chemotherapierten und 5-FU/L-resistenten, metastasierten kolorektalen Karzinomen (MCC) wirksam sind und zudem einen Synergismus mit 5-FU/L zeigen. Ziel dieser Studie war die Bestimmung der Toxizität und Wirksamkeit von zwei fraktionierten Gaben von Oxaliplatin oder CPT-11 zusammen mit 5-FU/L bei Patienten (Pat) mit MCC, die noch keine Chemotherapie erhalten hatten oder 5-FU/L-resistent waren. **Patienten/Methodik:** 42 Pat mit MCC erhielten ambulant Oxaliplatin 50 mg/m² (Arm A, 21 Pat) oder CPT-11 90 mg/m² (Arm B, 21 Pat), gefolgt von L 200 mg/m², Bolus-5-FU 400 mg/m² und 22-stündige kontinuierliche Infusion mit 5-FU 600 mg/m². Alle Substanzen wurden an den Tagen 1 und 2 alle 15 Tage gegeben. Zwischen den beiden Gruppen gab es keine

Unterschiede bezüglich der Patienten-Charakteristika: Medianes Alter 59 Jahre, männlich/weiblich 13/8, Chemotherapienaive Pat 7, Stadium-IV-Pat zum Zeitpunkt der Diagnose 11 in beiden Armen. **Ergebnisse:** Beide Behandlungen wurden gut vertragen. Toxizität und Ansprechen siehe Tabelle. In beiden Armen ist nach einem medianen Beobachtungsphase von 8 Monaten das Gesamtüberleben noch nicht beurteilbar. Beim Eintreten einer Progression nahmen die Pat an einem «cross-over» zum anderen Arm teil. Im Arm A (Oxaliplatin) konnte nach der Chemotherapie bei 3 Pat im Stadium IV eine komplette Resektion durchgeführt werden. **Schlussfolgerung:** Beide Schemata zeigten eine vergleichbare Wirksamkeit und Toxizität bei der ambulanten Behandlung von Pat mit MCC. Im Arm A (Oxaliplatin) war tendenziell ein besseres Ansprechen festzustellen.

	Arm A	Arm B	p-Wert
Chemotherapie-Zyklen	152	148	nicht signifikant
Diarrhöe Grad 3, %	10	12	nicht signifikant
Neutropenie Grad 3–4, %	29	25	nicht signifikant
Ansprechrate, %	33	22	nicht signifikant
Progressionsfreies Überleben, Monate	5,3	6,5	nicht signifikant

---

Abstract 1088

RANDOMIZED PHASE II–III TRIAL OF OXALIPLATIN WITH 5-FLUOROURACIL (5-FU) CONTINUOUS INFUSION (CI) VERSUS A CONTROL ARM WITH EITHER 5FU OR IRINOTECAN (CPT-11) IN PREVIOUSLY TREATED METASTATIC COLORECTAL CANCER (MCRC) PATIENTS (PTS)

A. Adenis, J.Y. Douillard, H. Lacroix, P. Dufour, N. Tubiana, C. Berger, R. Bugat, M. Mousseau, S. Block, G. Dupont-Andre
Ctr Oscar Lambret, Lille, France; Ctr Rene Gauducheau, St Herblain, France; CHU Nantes, Nantes, France; Hosp de Hautepierre, Strasbourg, France; Hosp Dupuytren, Limoges, France; Clin St Catherine, Avignon, France; Ctr Claudius Regaud, Toulouse, France; CHU Grenoble, Grenoble, France; Hosp Hotel Dieu, Valenciennes, France; Sanofi-Synthelabo, Gentilly, France

Studienziel war der Vergleich der Wirksamkeit und Sicherheit von Second-line-Therapien bei Patienten (Pat) mit metastasierten kolorektalen Karzinomen (MCRC). **Methodik/Therapie:** 87 Pat nahmen an dieser Phase-II–III-Studie teil. 49 Pat erhielten Oxaliplatin 130 mg/m^2 q 3 Wochen mit 5-FU CI 300 mg/m^2/Tag über 7/9 Wochen (OXAFU); 19 Pat wurden nur mit 5FU CI und 17 Pat mit CPT-11 350 mg/m^2 q 3 Wochen behandelt. *Aufnahmekriterien:* Pat mit inoperablen MCRC, Progression unter 5-FU/Raltitrexed, keine Neuropathie, Alter 18–75 Jahre, Performance-Status (PS) $\leq$ 2. Primärer Endpunkt war die objektive Ansprechrate (RR); als sekundäre Endpunkte galten Sicherheit, progressionsfreies Überleben (PFS) und Gesamtüberleben. **Ergebnisse:** 85 behandelte Pat waren bezüglich Sicherheit und Wirksamkeit auswertbar. 5FU induzierte die meisten Dosisreduktionen und Verzögerungen, CPT-11 die wenigsten. *Mediane Zahl der 3-wöchigen Zyklen:* OXAFU 6 (1–12), 5-FU 4 (1–8), CPT-11 3 (1–18). Grad-3–4-NCI-Toxizität (OXAFU/5-FU/CPT-11): Neutropenie (febrile) 1(0)/0(0)/8(2); Übelkeit 5/1/0; Erbrechen 3/0/1; Diarrhöe 21/1/2; Mukositis 5/5/0; sensorische Neuropathie (spezifische Skala) 10/0/0. Durch Reduktion der 5-FU-Dosis in der OXAFU-Gruppe auf 250 mg/m^2/Tag konnte eine Reduktion der gastrointestinalen Toxizität erreicht werden (schwere Diarrhöen verminderten sich von 16,9 auf 6,8% und schwere Schleimhautentzündungen von 6,2 auf 0,4%). 2 Todesfälle waren auf die Therapie mit CPT-11 zurückzuführen: Neutropenie mit Nierenversagen und Diarrhöe mit kardiogenem Schock. **Schlussfolgerung:** Die Studie bestätigt die Wirksamkeit einer Kombination aus Oxaliplatin und 5-FU bei Pat mit MCRC.

	Intent to treat							
	OXAFU (n = 49)		5-FU (n = 19)		CPT-11 (n = 17)		Kontroll-Arm (n = 36)	
	n	%	n	%	n	%	n	%
RR*	18	36,7	1	5,3	3	17,6	4	11,1
SD*	19	38,8	7	36,8	2	11,8	9	25
	Median	95% CI	Median	95% CI	Median	95% CI	Median	95% CI
PFS*, Monate	5,1	4,4–6,0	3,5	1,8–4,8	2,0	1,7–10,3	2,2	1,9–4,3

*Unabhängige Begutachtung.

Abstract 1012

OXALIPLATIN, 5-FLUOROURACIL (5-FU), L-FOLINIC ACID (FA) AND CONCOMITANT IRRADIATION IN PATIENTS WITH RECTAL CANCER: A PHASE 1 STUDY

G. Freyer, N. Bossard, P. Romestaing, F. Mornex, V. Trillet-Lenoir, J.P. Gerard
Ctr Hospitalier Lyon-Sud, Pierre Benite Cedex, France

Hintergrund: Die Zugabe von Oxaliplatin könnte unter Umständen die Wirksamkeit einer 5-FU/FA-Chemoradiotherapie bei Patienten (Pat) mit Rektumkarzinom verbessern. **Methodik:** Es wurden 15 Pat mit «high-risk», nichtresezierten oder inoperablen Rektum-Adenokarzinomen in eine Single-Center-Phase-I-Studie über 20 Monate aufgenommen. Endpunkt: Durchführbarkeit von 3 Dosierungsstufen. **Patienten/Therapie:** <85 Jahre (Median 65 (33–83) Jahre); 10 Männer, 5 Frauen; normale Leukozyten und Thrombozyten; normale Nierenfunktion; Transaminasen < 2N; WHO PS < 2. Stadien: T1 (1 Pat), T3–4 (14 Pat); NO (7 Pat), N1 (6 Pat), N2 (2 Pat). 7 Pat hatten gleichzeitig Leber- und/oder Lungen-Metastasen sowie rektale Symptome. Beckenbestrahlung: 45 Gy, 5 Wochen; 1,8 Gy/Fraktion. Die Pat erhielten die Chemotherapie zur Woche 1 und 5: Tag 1: Oxaliplatin 80, 100 oder 130 mg/m^2 2-Stunden-Infusion; Tage 1–5: 5-FU 350 mg/m^2/Tag kontinuierliche Infusion, FA 100 mg/m^2/Tag i.v. Bolus. Es wurden keine Intra-Pat-Dosissteigerungen durchgeführt. Eine Dosissteigerung war zugelassen, wenn bei 0/3 oder 1/6 Pat eine limitierende Toxizität während der vorhergehenden Dosierungsstufe aufgetreten war. **Ergebnisse:** Bis auf 1 Pat (Dosierungsstufe 1), der wegen einer prolongierten Thrombozytopenie keine weitere Chemotherapie erhielt, beendeten die übrigen Pat die Therapie. Das mediane Follow-up betrug 10 (3–19) Monate (Tabelle). Schwere entzündliche Veränderungen im Rektum sind nicht aufgetreten. 2 Pat hatten eine sehr geringgradige Neurotoxizität. 6 Pat konnten nach der Radiochemotherapie radikal operiert werden. Die Studie wird beendet mit 6 Pat bei 130 mg/m^2 Oxaliplatin. Objektives klinisches Ansprechen wurde bei allen Dosierungsstufen erzielt, Krankheitsprogressionen traten nicht auf. Die Gesamtansprechrate war >80%. **Schlussfolgerung:** Diese Therapiekombination ist praktikabel und wirksam. Die Dosissteigerungen erhöhten nicht die Toxizitäten. Oxaliplatin 130 mg/m^2 sollte die empfohlene Dosierung für Phase-II-Studien sein. Die Studie wurde von Sanofi-Winthrop, Wyeth-Lederle, France und Ligue Nationale contre le Cancer (Comités, Rhône, Saône & Loire) unterstützt.

Oxaliplatin mg/m^2	Anzahl der Patienten	Grad-3–4-Toxizität
80	6*	2 Pat Diarrhöe Grad 3 1 Pat >10% Gewichtsverlust
100	5	keine
130	4	keine

*Ein über 80-jähriger Pat hatte limitierende Toxizität (schwere Asthenie, Grad-3-Diarrhöe/Erbrechen, >10% Gewichtsverlust).

Abstract 1225

RESULTS OF PREOPERATIVE RADIATION AND OXALIPLATIN IN COMBINATION WITH 5-FLUOROURACIL (5-FU) AND LEUCOVORIN (LV) IN LOCALLY ADVANCED RECTAL CANCER: A PILOT STUDY

R. Glynne-Jones, S. Falk, T. Maughan, D. Sebag-Montefiore, H.M. Meadows, A. Das-Gupta
Colorectal Clin Oncology Group, UK; RF and UCL, London, UK; Sanofi-Synthelabo, UK

Ziel dieser Studie war die Bestimmung der Toxizität und der Wirksamkeit einer Kombination aus Oxaliplatin mit 5-FU, LV sowie präoperativer Beckenbestrahlung bei Patienten (Pat) mit primär nichtresezierbaren Rektumkarzinomen. **Methodik/Therapie:** In einer prospektiven Studie wurden zu einer präoperativen Radiotherapie (45 Gy; 25 Fraktionen, 1,8 Gy pro Fraktion, 3-Felder-Technik) steigende Dosen von Oxaliplatin in Kombination mit einer niedrigdosierten LV- und 5-FU-Therapie gegeben. In der Phase-I-Studie sollte die maximal verträgliche Dosis (MTD) von Oxaliplatin am Tag 2 und 30, in Kombination mit Folinsäure (FA) 20 mg/m^2 und 5-FU 350 mg/m^2 sowie synchroner Strahlentherapie Tage 1–5, 29–33 bestimmt werden. 10 Pat sind mit einer Dosierung von 85 mg/m^2 in die Studie aufgenommen worden. Die Operation wurde 6–8 Wochen später durchgeführt. Das mediane Follow-up betrug 6 (1–11) Monate. Bei 4 Pat, die 5-FU als Bolus erhielten, traten unerwartet häufig Neutropenien auf (1× Grad 3, 2× Grad 4 mit einer Sepsis). 5-FU wurde bei den folgenden 6 Pat deshalb nicht mehr als Bolus, sondern als 60-min-Infusion in gleicher Dosierung gegeben. Bei ihnen traten 2 Grad-3-Toxizitäten auf (Diarrhöe, keine Neutropenie). Die MTD ist noch nicht erreicht worden. Signifikante präoperative Komplikationen sind nicht aufgetreten. Sowohl bei den 4 Pat, die 5-FU als Bolus-Therapie, als auch bei 2/6 Pat, die 5-FU als Infusion erhalten hatten, wurde postoperativ von pathologischer

Seite ein Tumor-«Downstaging» bestätigt. Bei den verbleibenden Patienten steht die Operation noch aus. **Schlussfolgerung:** In einem neoadjuvanten Ansatz war Oxaliplatin in Kombination mit niedrigdosierter FA und 5-FU (als 60-min-Infusion gegeben, nicht als Bolus) zusammen mit einer Strahlentherapie gut verträglich. Es scheint, dass die Art und Weise wie 5-FU zusammen mit einer Strahlentherapie gegeben wird, von Bedeutung sein kann. Bei dieser Patientengruppe mit lokal fortgeschrittenen Rektumkarzinomen, war eine ermutigend hohe «Downstaging»-Rate erzielt worden. Die Studie wird zur Zeit mit einer Oxaliplatin-Dosierung von 130 mg/m^2 fortgesetzt.

Oxaliplatin: Sicherheit, Verträglichkeit

Abstract 990
OXALIPLATIN REINTRODUCTION IN PATIENTS PRETREATED WITH LEUCOVORIN (LV), 5-FU AND OXALIPLATIN FOR METASTATIC COLORECTAL CANCER. A GERCOR STUDY

F. Maindrault-Goebel, C. Louvet, E. Carola, V. Gilles, J. Lotz, V. Izrael, M. Krulik, A. De Gramont
Hôpital St-Antoine, Paris, France; Hôpital de Senlis, Senlis, France; Hôpital Tenon, Paris, France

Hintergrund/Studienziel: Die zweimal im Monat gegebene Kombination aus LV-5-FU und Oxaliplatin (FOLFOX) ist eine wirksame First-line- und Second-line-Therapie für Patienten (Pat) mit metastasierenden kolorektalen Karzinomen. Aufgrund einer kumulativen sensorischen Neurotoxizität muss Oxaliplatin bei manchen Patienten vor einer Progression abgesetzt werden. In dieser Studie untersuchte man Wirksamkeit und Verträglichkeit bei vorbehandelten Patienten mit einem FOLFOX-Schemas (first FOLFOX), die nach Therapie-Ende oder nach Fortsetzung einer Therapie ohne Oxaliplatin oder nach einem auf CPT-11 basierenden Third-line-Schema eine Progression hatten. **Patienten/Ergebnisse:** 24 Pat wurden in die Studie aufgenommen. *First FOLFOX:* 21 Pat zeigten ein Ansprechen, 2 hatten eine Krankheitsstabilisierung, 1 eine Krankheitsprogression. Das progressionsfreie Überleben (PFS) belief sich auf 33 Wochen, die mediane Zyklenzahl war 9. Acht Pat entwickelten Grad-3- und 6 Grad-2-sensorische Neuropathien. *FOLFOX «reintroduction»:* Sechs Pat zeigten ein Ansprechen (25%), 11 eine Krankheitsstabilisierung (46%) und 7 eine Progression (29%). Das mediane PFS war 23 Wochen, die mediane Zyklenzahl war 6. Drei Pat zeigten außerdem Grad-2- und 4 Pat Grad-1-Neuropathien, 2 Pat einwickelten Grad-3- (nach 3 und 6 Zyklen) und 8 Grad-2-Neuropathien. Bei 2 Pat, die Grad-3-Neuropathien nach 6 und 12 Zyklen unter dem first FOLFOX entwickelten, traten diese nach 8 und 18 Zyklen des zweiten FOLFOX-Schemas nicht mehr mit diesem Grad auf. **Schlussfolgerung:** Die «reintroduction» von Oxaliplatin ist möglich, ohne dass eine signifikante Verschlechterung einer sensorischen Neuropathie eintreten muss. Die Therapie kann ein Ansprechen oder eine Stabilisierung des Krankheitsbildes bei zwei Drittel der Pat erzielen. Die Ergebnisse unterstützen das neue Konzept von intensivierten und wiederholten kurzen Folgen eines FOLFOX-Schemas, wie es jetzt in der OPTIMOX-Studie untersucht wird.

Abstract 1259
SAFETY PROFILE OF OXALIPLATIN (SINGLE AGENT OR WITH 5-FU) FROM THE LARGE NORTH AMERICAN COMPASSIONATE USE EXPERIENCE IN ADVANCED COLORECTAL CANCER (ACC)

E.P. Mitchell, P. LoRusso, K. Gococo, H. Chun, E. Harvey
Thomas Jefferson Univ, Philadelphia, PA; Wayne State Univ, Detroit, MI; Hematology and Oncology Assoc, Greenville, SC; New York Medical Coll, Valhalla, NY; Sanofi-Synthelabo, Inc, New York, NY

Studiendesign/Therapie: Eine «Compassionate use»-Studie wurde in den USA und Kanada im September 1998 begonnen, um Oxaliplatin Patienten (Pat) mit fortgeschrittenen kolorektalen Karzinomen (ACC) zur Verfügung zu stellen, die auf mindestens ein vorhergehendes Chemotherapie-Schema (CT) nicht angesprochen hatten. 1017 Pat aus 45 Zentren wurden bis Ende Juni 1999 in die Studie aufgenommen. Sie wurden nach Wahl des jeweiligen Studienleiters mit einem von 6 Schemata behandelt: Monotherapie mit Oxaliplatin (11%) oder Oxaliplatin (130 mg/m^2 alle 3 Wochen oder 85 mg/m^2 alle 2 Wochen) zusammen mit einem der folgenden 5-FU-Schemata: 5 Tage modifiziertes Mayo-Clinic-Schema (15%), wöchentlich Roswell-Park-Schema (41%), wöchentlich Hoch-Dosis-5-FU (5%), de-Gramont-Bolus 5-FU/LV + 22-Stunden-Infusion × 2 Tage (8%) oder kontinuierliche Infusion (20%). **Patienten/Ergebnisse:** Medianes Alter 60 Jahre (23% > 70

Jahre), 84% hatten Performance-Status (PS) 0–1. Die Pat hatten durchschnittlich 1,9 vorhergehende CT für ACC (0–5); 78% erhielten vorher CPT-11. Die Gesamt-Inzidenz von Grad 3–4(NCI CTC)-hämatologische Toxizitäten war 11%, GI-Toxizität 20%, Neurotoxizität (alle Grad 3) 2,3%, Therapie-bedingte Todesfälle 1,4%. Das Sicherheitsprofil ist mit dem anderer Studien vergleichbar. Die Zeit bis zum Studienende (Therapieversagen, meist aufgrund einer Krankheitsprogression) war insgesamt 3,5 Monate (2,8 Monate für die Monotherapie-Gruppe, 3,6 Monate für die Kombinationstherapie-Gruppe). **Schlussfolgerung:** In dieser Gruppe von intensiv vorbehandelten Patienten mit fortgeschrittenen ACC konnte bestätigt werden, dass eine Therapie mit Oxaliplatin – entweder alleine oder mit einem der gebräuchlichen 5-FU-Schemata – möglich und gut verträglich ist. Sie stellt eine Therapieoption in dieser Situation dar.

Abstract 2397

OXALIPLATIN-INDUCED NEUROPATHY: COULD GABAPENTIN BE THE ANSWER?

G. Mariani, O. Garrone, C. Granetto, G. Numico, P. LaCiura, G. Grecchi, G. DiCostanzo, M. Merlano
S Croce & Carle Gen Hosp, Cuneo, Italy

Hintergrund/Studienziel: Die periphere Neuropathie ist die limitierende Toxizität von Oxaliplatin. Ziel dieser Studie war es, die typischen Symptome einer Neurotoxizität zu reduzieren und sie eventuell ganz zu verhindern. Neuere Daten bezüglich der Schmerzkontrolle zeigen, dass Gabapentin (Gb) eine interessante Substanz zur Therapie des neuropathischen Schmerzes sein kann. In diesem Zusammenhang wird eine therapeutische Dosierung von 300 mg/Tag angegeben. Auf dieser Grundlage ist damit begonnen worden, Patienten (Pat) mit metastasierenden kolorektalen Karzinomen (MCC), die eine Oxaliplatin-haltige Chemotherapie erhielten, mit Gb zu behandeln. **Patienten/Therapie:** Seit August 1999 wurden 15 Pat mit MCC in die Studie aufgenommen. Sie sind vorher schon mit mindestens zwei 5-Fluorouracil (5-FU) enthaltenden Schemata behandelt worden. Bei Beginn der Studie hatte keiner der Pat neurologische Einschränkungen. Die Chemotherapie war wie folgt: Oxaliplatin 85 mg/m^2 Tag 1 und 15, 5-FU 500 mg/m^2 und LLV 60 mg/m^2 jeweils Tag 1, 2 und 15. Die ausgeprägtesten hämatologischen Toxizitäten waren Grad-2-Leukopenie und -Thrombozytopenie. Im Median wurden 3 (1–14) Zyklen mit einer kumulativen Oxaliplatin-Dosis von 255 mg/m^2 (85 mg/m^2–1190 mg/m^2) gegeben. Übereinstimmend mit der Tatsache, dass unter Oxaliplatin eine kumulative neurologische Toxizität vorliegt, sind keine Parästhesien oder Dysästhesien vor dem 3. Zyklus aufgetreten: 5 Pat haben diesen «cut-off» noch nicht erreicht. 7 der übrigen 10 Pat hatten eine Grad-1–2-Neuropathie. Bei den ersten neuropathischen Symptomen erhielten die Pat Gb 100 mg/b.i.d. Verschwanden die Symptome nicht innerhalb der ersten 3 Tage, war eine Dosissteigerung von 100 mg/Tag vorgesehen. **Ergebnisse:** Bei allen so behandelten Pat war ein Verschwinden der Symptome festzustellen, das auch nach bis zu 14 weiteren CT-Zyklen anhielt. Keiner musste die Oxaliplatin-Therapie abbrechen. 2 Pat, die spontan Gb absetzten, bemerkten ein Wiederauftreten ihrer Symptome, die nach erneuter Gb-Gabe wieder verschwanden. Zwei unter der Gb-Therapie wieder auftretende Symptomatiken sprachen auf eine Dosis-Erhöhung an. **Schlussfolgerung:** Gb scheint zur Behandlung von Oxaliplatin-induzierter symptomatischer Neurotoxizität wirksam zu sein. Weitere Daten sind erforderlich um Ansprechdauer und optimale Dosierung festzulegen.

Oxaliplatin bei nichtkolorektalen Tumoren

Abstract 609G

A PHASE II STUDY OF OXALIPLATIN AND 5-FLUOROURACIL (FU) IN ADVANCED/METASTATIC BREAST CARCINOMA (ABC) PATIENTS (PTS) PREVIOUSLY TREATED WITH TAXANES (T): PRELIMINARY RESULTS

P. H. Cottu, L. Zelek, J. Vannetzel, M. Tubiana, M. Mazen, E. Gamelin, J.L. Misset, V. Dieras, S. Culine, N. Bedaria, M. Spielmann, M. Marty
CHU St Louis, Paris, France; Inst Gustave Roussy, Villejuif, France; Clin Hartmann, Neuilly, France; Ctr Rene Huguenin, St Cloud, France; Ctr Jean Perrin, Clermont Ferran, France; Ctr Paul Papin, Angers, France; Hosp Paul Brousse, Villejuif, France; Inst Curie, Paris, France; Ctr Val d'Aurelle, Montpellier, France

Hintergrund: Anthracycline (A) und Taxane (T) (Paclitaxel und Docetaxel) gelten als Standard-Chemotherapie-Option bei Patientinnen mit fortgeschrittenem/metastasiertem Mammakarzinom (advanced/metastatic breast carcinoma, ABC). Sie werden zunehmend in Kombination bei der adjuvanten und/oder First-line-Therapie angewandt. Allerdings sind der Anwendung von A Grenzen gesetzt durch eine bestehende oder erworbene Resistenz gegen die Substanz und der Gefahr der Kardiotoxizität bei zunehmender Dosis. Neue Substanzen sind deshalb für die Second-line-Therapie von A- und T-resistenten Patientinnen mit ABC erforderlich. Die Kombination aus Oxaliplatin/5-FU wurde u.a. aus folgenden Gründen untersucht: Oxaliplatin ist im Gegensatz zu Cisplatin und Carboplatin auch bei «mismatch-repair-deficient» Zellen aktiv. Bei Patientinnen mit ABC ist ein «Mismatch-repair»-Mangel vorherrschend und nimmt nach einer Therapie mit A noch zu. Oxaliplatin zeigt eine antitumoröse Aktivität bei Hormon-refraktären Mammatumoren im Mausmodell und scheint auch als Monosubstanz bei mit A vorbehandelten Patientinnen aktiv zu sein. Oxaliplatin und FU zeigen synergistische Wirkungen. **Ziel** dieser Studie war die Untersuchung der Wirksamkeit und Sicherheit einer Oxaliplatin/5-FU Kombination bei Patientinnen mit ABC, die vorher mit T ± A behandelt worden waren. Die **Auswahlkriterien** zur Aufnahme in die Studie waren wie folgt: Patientinnen mit ABC, die mehr als 6 Monate nach der letzten Therapie mit T (Docetaxel oder Paclitaxel) eine Progression ihrer Erkrankung zeigten und bei denen keine vorherige Therapie mit Oxaliplatin oder FU i.v. bzw. als Bolus innerhalb der letzten 12 bzw. 6 Monate durchgeführt worden war. Es lag keine zerebrale Metastasierung vor. **Therapieschema:** Oxaliplatin 130 mg/m^2/2 h gefolgt von FU 1000 mg/m^2/Tag × 4, q 3 Wochen. **Patienten:** 61 Frauen mit einem medianen Alter von 52 (36–71) Jahren, die von Oktober 1997 bis Oktober 1999 behandelt worden sind. Mediane Zahl vorhergehender Therapien: 2 (1–4). Drei bzw. 21 Patientinnen waren resistent nur gegenüber A (AR) bzw. nur gegenüber T (TR). 24 Frauen waren gegen beide Chemotherapeutika resistent (ATR). Im Median waren in 2 (1–6) Organen Metastasen festzustellen. Die Metastasenlokalisation war wie folgt: Leber 40 (65%), Knochen 29 (47%) und Lunge 17 (28%). **Sicherheit/Toxizität:** 49 Patientinnen mit 242 Zyklen konnten ausgewertet werden: Die mediane Zyklenzahl/Patientin war 5 (1–15). Bei 12 (24%) bzw. 3 (6%) Patientinnen war eine Neutropenie Grad 3 bzw. Grad 4 festzustellen. Eine Thrombozytopenie Grad 3 bzw. Grad 4 hatten 5 (10%) bzw. 3 (6%) Patientinnen. Bei je 1 (2%) Patientin traten Diarrhöe Grad 3, Übelkeit Grad 3, Erbrechen Grad 4 oder FU-Kardiotoxizität auf. Neurotoxische Nebenwirkungen (spezifische Skala) Grad 3 waren bei 2 (4%) Patientinnen nach 6 und 9 Zyklen festzustellen. **Wirksamkeit:** 53/61 Frauen konnten bezüglich Ansprechen ausgewertet werden (bei 4 Patientinnen war es zu früh für eine Auswertung; 4 waren nicht auswertbar, 2 Frauen sind aus der Studie ausgeschieden, bei je einer Patientin trat im ersten Zyklus eine zerebrale Metastasierung bzw. eine FU-bedingte Toxizität auf) (Tabelle). Bei allen Patientinnen, bei denen ein Ansprechen nachzuweisen war, betraf dies die Areale der Weichteilmetastasierungen inklusive 10/40 Lebermetastasen (25%). Die mediane Dauer des partiellen Ansprechens (RR) bzw. der stabilen Erkrankungsphase (SD) waren 7,5 (2,7–13,5) bzw. 6,3 (1,5–19) Monate. **Schlussfolgerung:** Die Oxaliplatin/FU-Kombination erwies sich als wirksam, sicher und gut verträglich bei mit T/A vorbehandelten bzw. T/A-resistenten Patientinnen mit ABC. Festzustellen war eine gute Krankheitskontrolle (PR + SD) und Dauer. Zukünftige Phase-II- und Phase-III-Studien mit Oxaliplatin als Monotherapie bzw. in Kombination mit Vinorelbin +/- FU werden die weitere Bedeutung von Oxaliplatin bei Patientinnen mit vorbehandelten ABC bestimmen. Die Studie wurde von Sanofi-Synthelabo Recherche, France, unterstützt.

	Patientenzahl	PR		SD*		PD**	
		n	%	n	%	n	%
Alle	53	13	25	24	45	16	30
TR	18	5	28	7	39	6	33
ATR	22	6	27	10	45	6	27

PR = Partial response; SD = stable disease; PD = progressive disease.
*≥ 8 Wochen, meist mit ≥ 50% anhaltendem Markerabfall.
**Zur Zeit/vor der ersten Evaluation.

Abstract 913

PHASE I/II STUDY IN ADVANCED PANCREATIC ADENOCARCINOMA (APA) AND CARCINOMA OF UNKNOWN PRIMARY (CUP): A COMBINATION OF LEUCOVORINE (LV), 5-FU BOLUS AND INFUSION, GEMCITABINE (GEM) AND OXALIPLATIN (L-OHP) (FOLFU GEMOX REGIMEN)

M. Mousseau, C. Rebischung, C. Garnier, E. Chirpaz, J. Provençal, E. Papillon, J. Balosso, D. Charlety, A. Lemoigne, D. Pasquier, R. Schaerer, J.P. Esterni
CHU, Grenoble, France; CH, Gap, France

Hintergrund: Folinsäure (LV), 5-FU und Gemcitabin (GEM) in Kombination (FOLFU-GEM) zeigen Aktivitäten beim fortgeschrittenem Adenokarzinom des Pankreas (advanced pancreatic adenocarcinoma, APA) [C. Louvet, ASCO, 1999] mit einer objektiven Ansprechrate (objective response rate, OR) von 19%. Die Kombination aus GEM und Oxaliplatin wirkt supraadditiv bei humanen Kolonkarzinom-Zellen [S. Faivre, AACR, 1998]. LV-FU in Kombination mit Carboplatin erreichte eine OR von 25% bei Patienten mit unbekanntem Primärtumor (carcinoma of unknown primary, CUP) [Rig, Br J Cancer 1997]. 30 Patienten (P) wurden in die Studie aufgenommen (14 APA, 9 CUP). **Therapieschema:** LV 400 mg/m^2 i.v. 2-Stunden-Infusion, gefolgt von 5-FU 400 mg/m^2 als Bolus und 2400 mg/m^2 48-Stunden-Infusion (bei den ersten 3 P) oder 2000 mg/m^2 (bei den übrigen 21 P). GEM wurde 3 Tage nach der 5-FU-Infusion (800 mg/m^2) gegeben, gefolgt von Oxaliplatin (85 mg/m^2). Die Behandlung wurde alle 3 Wochen wiederholt bis zur Progression zu einem metastasiertem Krankheitsstadium (17 P), oder es wurden 3 Zyklen durchgeführt mit anschließender Chemoradiotherapie bei lokal fortgeschrittener Erkrankung (7 P). **Patienten:** Es werden die ersten vorläufigen Ergebnisse von 24 auswertbaren Patienten vorgestellt (medianes Alter 55 (41–72) Jahre). Der «Performance-Status» (OMS) war 0 oder 1 bei 21 P, 2 bei 3 P. 96 Zyklen konnten ausgewertet werden. **Toxizität:** Die hauptsächliche Toxizität bestand in einer Neutropenie Grad 3–4 bei 27% aller Zyklen mit febrilen neutropenischen Episoden bei 6% der Zyklen. Andere auftretende Toxizitäten waren mild: Thrombozytopenie Grad 3–4 in 8%, Mukositis Grad 2 in 11%, Diarrhöe Grad 3 in 3% und Übelkeit Grad 3–4 in 10% der Zyklen. Eine Alopezie Grad 4 beobachtete man bei allen Patienten. Behandlungsbedingte Todesfälle traten nicht auf. Eine toxizitätsbedingte Therapieverzögerung war in 10% der Zyklen zu beobachten. **Ergebnisse:** OR war 35% (23 P auswertbar) mit 4 CR (2 APA, 2 CUP) und 4 PR (4 APA). Das mediane PFS bzw. das Gesamtüberleben beliefen sich auf 8 bzw. 9 Monate für APA und 2 bzw. 4 Monate für CUP. Eine klinische Besserung war bei 74% der P (5 CUP, 12 APA) festzustellen, die mit FOLFU-GEMOX behandelt worden. Das Oxaliplatin beinhaltende Protokoll (FOLFU-GEMOX) war der Kombination FOLFU-GEM überlegen.

Abstract 1018

RANDOMIZED PHASE II STUDY OF OXALIPLATIN ALONE, 5-FLUOROURACIL (5-FU) ALONE, AND THE TWO DRUGS COMBINED (OXA-FU) IN ADVANCED OR METASTATIC PANCREATIC ADENOCARCINOMA (APC)

P. Rougier, M. Ducreux, M. Ould Kaci, V. Boige, E. Mitry, J.F. Seitz, R. Bugat, J.L. Breau, P.L. Etienne, O. Bouche, E. Cvitkovic, A. Bexon
Hosp Ambroise Pare, Boulogne, France; Inst Gustave Roussy, Villejuif, France; CAC, Kremlin Bicetre, France; Insitut Paoli Calmettes, Marseille, France; Inst Claudius Regaud, Toulouse, France; Hosp Avicenne, Bobigny, France; Clin Armoricaine, St. Brieuc, France; CHU Reims, Reims, France; CH Pontoise, Pontoise, France; CH Villeneuve St Georges, Villeneuve, France

Hintergrund: Das Pankreaskarzinom hat eine schlechte Prognose (20% 1-Jahres-Überleben). Etwa 90% der Patienten haben zum Zeitpunkt der Diagnose ein fortgeschrittenes oder metastasiertes Krankheitsstadium. Es gibt keine wirklich überzeugende, überlegene Standard-Chemotherapie. 5-FU und Cisplatin werden häufig angewandt mit RR von etwa 20%. Gemcitabin induziert einen geringen Überlebensvorteil. Oxaliplatin und 5-FU zeigen synergistische Wirkungen beim fortgeschrittenen kolorektalen Karzinom. Oxaliplatin ist weniger toxisch als Cisplatin. Bei Patienten mit fortgeschrittenem oder metastasiertem Adenokarzinom des Pankreas (advanced or metastatic pancreatic adenocarcinoma, APC) wurden deshalb die Kombination aus Oxaliplatin-5-FU sowie Oxaliplatin bzw. 5-FU jeweils als Monotherapie angewandt. **Methodik/ Therapieschema:** Von November 1997 bis Juli 1999 wurden 65 Patienten in einer randomisierten 3-Arm-Phase-II-Studie aufgenommen. 17 auswertbare Patienten erhielten Oxaliplatin 130 mg/m^2 q 3 Wochen, 14 bekamen 5-FU 1g/m^2/Tag für 4 Tage, q 3 Wochen, und 28 erhielten in gleicher Dosierung wie die Einzelsubstanzen eine Oxaliplatin-5-FU-Kombination, q 3 Wochen. Patienten im Monotherapie-Arm konnten bei Progression zum Oxaliplatin-5-FU-Arm wechseln. **Aufnahmekriterien:** Nichtoperables messbares APC, keine vorhergehende Chemotherapie, $\geq$3 Monate seit einer Strahlentherapie, Alter 18–75 Jahre, PS $\leq$ 2, adäquate hämatologische, hepatische und renale Funktion. **Primärer Endpunkt:** Objektive Ansprechrate (objective response rate, ORR); sekundäre Kriterien: Toleranz/Sicherheitsprofil, Zeit bis zum Therapieversagen (time to treatment failure, TTF), Gesamtüberleben (overall survival, OS) und klinischer Nutzen. **Patienten:** Medianes Alter 57,5 (21–76) Jahre; 66% männlich; ECOG PS: 0 (23%), 1 (55%), 2 (22%). **Ergebnisse** (zum Zeitpunkt der Veröffentlichung des Abstracts, aktualisierte Daten wurden zudem während des 36. Annual Meeting der ASCO vorgestellt): 53 Patienten und 191 Zyklen waren bezüglich Toxizität (NCI-CTC) sowie 59 Patienten bezüglich Wirksamkeit auswertbar (Oxaliplatin 17 Patienten, Oxaliplatin-5-FU 28 Patienten, 5-FU 14 Patienten) (Tabelle). Die Toleranz/Verträglichkeit war ausgezeichnet: % Patienten (Oxaliplatin/Oxaliplatin-5-FU/5-FU) mit Grad-3–4-Neutropenie 17/9/7, Grad-3-Übelkeit/Erbrechen 11/17/15, Grad-2–3-Mukositis 6/17/8, Grad-2–3-Diarrhöe 11/13/15, Grad-2–3-neurosensorische Störungen (Oxaliplatin-spezifische Skala) 6/17/0. Gemäß vorher beschlossener Kriterien wurden beide Monotherapie-Arme wegen mangelnder Ansprechraten geschlossen. **Schlussfolgerung:** Die Kombination aus Oxaliplatin-5-FU ist gut verträglich, zeigt objektive Ansprechraten und ein ermutigendes Langzeit-Ansprechen. Studien mit anderen Oxaliplatin-Kombinationen beim APC werden durchgeführt.

	Behandelte Patienten (n = 59)		
	Oxaliplatin (n = 17)	Oxaliplatin-5-FU (n = 28)	5-FU (n = 14)
ORR (unabhängige klinische und radiologische Kontrolle)	0	3 (11%)	0
SD ≥ 4 Monate	2	17 (61%)	2
Mediane TTF, Monate	2,1	4,1	1,4
Medianes OS, Monate	3,4	8,5	2,4

Abstract 1031

PHASE II TRIAL OF OXALIPLATIN IN COMBINATION WITH 5-FU AND FOLINIC ACID (FA) – FOLFOX6 REGIMEN – AS FIRST-LINE TREATMENT FOR ADVANCED OR METASTATIC GASTRIC CANCER (A/MGC) PATIENTS

C. Louvet, Thierry Andre, J.-M. Tigaud, E. Gamelin, R. Brunet, J.-H. Jacob, E. Francois, S. Nafa, A. Taamma, A. De Gramont
Hosp St Antoine, Paris, France; Hosp Tenon, Paris, France; CH Villeneuve St Georges, Villeneuve, France; Ctr Paul Papin, Angers, France; Inst Bergonie, Bordeaux, France; Ctr Francois Baclesse, Caen, France; Ctr Antoine Lacassagne, Nice, France; Sanofi-Synthelabo, Gentilly, France; CAC, Kremlin Bicetre, France

Hintergrund: Die Kombination von Cisplatin mit 5-FU ist eine der Standardtherapien beim fortgeschrittenen/metastasierten Magenkarzinom (advanced/metastatic gastric cancer, A/MGC). Oxaliplatin und 5-FU zeigen sowohl in vitro als auch in vivo synergistische Wirkungen beim kolorektalen Karzinom. **Studienziel:** Bestimmung der Aktivität und Toleranz einer Kombination aus Oxaliplatin und 5-FU/FA bei Patienten mit A/MGC. **Methodik/Therapieschema:** Multicenter-Phase-II-Studie. Die Patienten erhielten das FOLFOX6-Schema: Oxaliplatin 100 mg/m^2 als 2-Stunden-Infusion am Tag 1 (D1), FA 400 mg/m^2 als 2-Stunden-Infusion D1, gefolgt von 5-FU 400 mg/m^2 als Bolus und 3 g/m^2 46-Stunden-Infusion, q 2 Wochen bis zur Krankheits-Progression oder Dosis-limitierender Toxizität. **Auswahlkriterien:** Keine frühere Chemotherapie, inoperable messbare Erkrankung, PS 0-2 (ECOG), Alter 18–75 Jahre, adäquate hämatologische, renale and Leber-Funktionsparameter, keine zerebrale Mitbeteiligung. **Primärer Endpunkt:** Objektive Ansprechrate (objective response rate, ORR); **Sekundäre Endpunkte:** Toleranz/Verträglichkeit, Zeit bis zur Progression (time to progression, TTP), Gesamtüberleben (overall survival, OS). **Patienten** (zum Zeitpunkt der Veröffentlichung des Abstracts, aktualisierte Daten wurden zudem während des 36. Annual Meeting der ASCO vorgestellt): männlich/weiblich 25/11; mittleres Alter 62 (34–75) Jahre; PS (0/1/2): 18/14/4; betroffene Organe: Leber 26, Lunge 5, Peritonealkarzinose 4, lokoregionale Erkrankung 25, Lymphknoten 5; mediane Zahl der betroffenen Areale: 2 (1–5). **Toxizität:** 244 Zyklen wurden gegeben (Median 7, Bereich 1–14). NCI-CTC-Grad-3- bzw. -4-Neutropenie in 6% bzw. 2% der Zyklen. Andere Toxizitäten (per Zyklus) waren mild: Thrombozytopenie (Grad 1: 32%, Grad 2: 5%, Grad 3: 1%), Diarrhöe (Grad 2: 6%, Grad 3: 1%), Mukositis (Grad 2: 3%, Grad 3: 1%), Übelkeit/Erbrechen (Grad 2: 11%, Grad 3: 1%), Neurotoxizität (spezifische Skala, Grad 1: 46%, Grad 2: 10%, Grad 3: 7%). 5-FU-bedingte Kardiotoxizität wurde bei 2 Patienten beobachtet. **Wirksamkeit** bei den ersten 26 Patienten: ORR (nach WHO-Kriterien) 50% (CR 4%, PR 46%), SD 37,5% und PD 12,5%. Mediane Ansprechdauer: 7 Monate. 2 Patienten profitierten von einer Lebermetastasenresektion nach PR im Zyklus 6 bzw. 8. Mediane TTP bzw. OS waren 5,5 bzw. 11 Monate. **Schlussfolgerung:** Die Kombination aus Oxaliplatin und 5-FU/FA bei Patienten mit A/MGC ist wirksam und zeigt eine ausgezeichnete Verträglichkeit.

Abstract 1502, Oral Presentation

MULTICENTER PHASE II/III STUDY OF OXALIPLATIN PLUS CYCLOPHOSPHAMIDE (C) [OXC] VERSUS CISPLATIN (P) PLUS CYCLOPHOSPHAMIDE [CPC] IN ADVANCED CHEMONAIVE OVARIAN CANCER (AOC) PATIENTS (PTS): FINAL RESULTS

J.L. Misset, P. Vennin, P. Chollet, P. Pouillart, J.I. Frobert, D. Castera, M. Fabro, E. Cortesi, E. Gamelin, G. Dupont-André, A. Laadem, J. Otero

Hôpital Paul Brousse, Villejuif, France; Ctr Oscar Lambret, Lille, France; Ctr Jean Perrin, Clermont-Ferrand, France; Inst Curie, Paris, France; Ctr Hospitalier, Bourg en Bresse, France; Clin St Pierre, Perpignan, France; Ctr Val d'Aurelle, Montpellier, France; Policlinico Umberto, Rome, Italy; Ctr Paul Papin, Angers, France; Sanofi-Synthelabo, Gentilly, France; CAC, Kremlin-Bicêtre, France; Neoplasicas, INEN, Lima, Peru

Hintergrund: Oxaliplatin hat bei Patientinnen (pts) mit vorbehandelten, fortgeschrittenem Ovarialkarzinom (advanced ovarian cancer, AOC), sowohl als Monosubstanz als auch in Kombination seine Wirksamkeit bewiesen. Es besteht nur eine partielle Kreuzresistenz mit Cisplatin (P) und Carboplatin. Als Grund ist u.a. zu nennen, dass sogenannte «Mismatch repair»(MMR)-Defekte mit einer Resistenz gegen P und Carboplatin vergesellschaftet sind und gehäuft nach einer Therapie mit diesen Substanzen auftreten. Die zytotoxische Wirkung von Oxaliplatin bleibt dagegen bei Tumoren mit defektem MMR-System erhalten. Zudem bestehen synergistische oder supraadditive Interaktionen mit anderen, bei Ovarialkarzinomen aktiven Substanzen wie P, Carboplatin, Paclitaxel, Cyclophosphamid (C) und Topotecan. **Studienziel:** Vergleich der Sicherheit und Wirksamkeit einer Kombination aus Oxaliplatin plus C (OXC) vs. einer Kombination aus P plus C (CPC) bei Patientinnen mit nicht vorbehandelten AOC (Stadien IIc, III, und IV) im Rahmen einer offenen Multicenter-Phase-II–III-Studie [siehe auch Misset, ASCO 1997, Abstract 1266]. **Methodik:** Zwischen April 1992 und Januar 1996 wurden 177 Patientinnen in 27 Zentren entweder mit OXC (Oxaliplatin 130 mg/m^2 i.v. + C 1000 mg/m^2 i.v., q 3 Wochen × 6) (85 pts) oder mit CPC (P 100 mg/m^2 i.v. + C 1000 mg/m^2 i.v., q 3 Wochen × 6) (92 pts) behandelt. In beiden Studienarmen waren Patientinnen und Krankheitscharakteristika bezüglich bekannter prognostischer Faktoren ausgeglichen. **Ergebnisse:** 453 Zyklen (c) bei 85 pts (OXC-Arm) und 455 c bei 92 pts (CPC-Arm) konnten bezüglich Toxizität ausgewertet werden (WHO). Signifikante Unterschiede mit Bevorzugung des OXC-Armes fanden sich bezüglich der Inzidenz einer Grad-3–4-Anämie (5 OXC-pts vs. 31 CPC-pts, $p < 0{,}0001$), der Häufigkeit von notwendigen Erythrozyten-Konzentrat-Transfusionen (7 vs. 20, $p < 0{,}010$), des Grad-3/4-Erbrechens (22 vs. 51 pts, $p < 0{,}0001$) sowie einer Grad-3–4-Leukopenie (32 vs. 51 pts, $p < 0.042$). Eine periphere Neuropathie war mild ausgeprägt (Grad 1–2), mit 1 Grad-3-Neuropathie im CPC-Arm. Die Kreatinin-Clearance war am Ende der Therapie besser im OXC-Arm. Somit bestätigte sich die fehlende Nephrotoxizität. **Wirksamkeit:** Unabhängige Begutachter bewerteten das Tumoransprechen (resp) bezüglich chirurgischer Ergebnisse und objektiver Ansprechraten (WHO), progressionsfreies Überleben (PFS) und Überleben (Tabelle). Zwischen den beiden Therapie-Armen fanden sich keine signifikanten Unterschiede bezüglich der genannten Ansprechparameter. **Schlussfolgerung:** Die Sicherheit und Wirksamkeit der OXC-Kombination bestätigt das Interesse daran, Oxaliplatin mit anderen beim AOC aktiven Substanzen zu kombinieren.

Therapie-Arm	Anzahl der Patienten	Chirurgisch beurteiltes Ansprechen		Klinisches Ansprechen		Medianes PFS, Monate	Medianes Überleben, Monate
		n	%	n	%		
OXC	85	32/50	64	23/69	33	13	36
CPC	92	33/49	67	29/69	42	13	25

Abstract 2276

THE COMBINATION OF RALTITREXED ('TOMUDEX') AND OXALIPLATIN IS AN ACTIVE REGIMEN IN MALIGNANT MESOTHELIOMA: RESULTS OF A PHASE II STUDY

K. Fizazi, H. Doubre, J. Viala, A. Riviere, A. Fandi, C. Daniel, L. Robert, T. Le Chevalier, T. Sahmoud, P. Ruffie

Inst Gustave Roussy, Villejuif, France; AstraZeneca, Cergy, France; AstraZeneca, Macclesfield, UK

Hintergrund: Die Kombination aus Raltitrexed ('Tomudex') und Oxaliplatin zeigte in einer Phase-I-Studie sowohl bei vorbehandelten als auch bei mit Chemotherapie nicht vorbehandelten Patienten (Pat) mit Mesotheliom eine vielversprechende Wirksamkeit [Fizazi et al., zur Veröffentlichung eingereicht]. Das **Studienziel** der Phase-II-Studie war die weitere Beurteilung der Wirksamkeit dieser Kombination bei Pat mit Mesotheliom. **Therapieschema:** Raltitrexed 3 mg/m^2 (15-min-Infusion i.v.) gefolgt von Oxaliplatin 130 mg/m^2 (2-Stunden-Infusion i.v.), q 3 Wochen. **Patienten:** Bis Juni 1999 wurden 72

Pat (52 M / 20 F) in die Studie aufgenommen. Medianes Alter 59 (37–74) Jahre, WHO-Performance-Status: 0 (14 Pat), 1 (45 Pat), 2 (13 Pat). 16 Pat waren mit einer Platin-haltigen Chemotherapie und 56 waren nicht mit einer Chemotherapie vorbehandelt. 44 Pat konnten bezüglich Toxizität ausgewertet werden. Grad-3/4-Nebenwirkungen waren Diarrhöe (7%), Neutropenie (9%), Anorexie (14%), Asthenie (16%) und asymptomatische Erhöhung der Transaminasen (20%). Eine Grad-2-Neurotoxizität war bei 7 Pat (16%) zu beobachten. Es gab keine therapiebedingten Todesfälle. **Ergebnisse:** 58 Pat sind bis jetzt durch externe Begutachter bezüglich Wirksamkeit beurteilt worden. 15 Pat hatten ein partielles Ansprechen; Ansprechrate 26% (95% CI 15–37). 31 (53%) Pat hatten eine Krankheitsstabilisierung (inklusive 10 Pat mit geringfügigem Ansprechen) und 12 (20%) Pat hatten eine Progression ihrer Erkrankung. Eine deutliche Verbesserung krankheitsbedingter Symptome war bei vielen Patienten mit positivem Ansprechen festzustellen. Diese Ergebnisse sind vorteilhafter als die von Cisplatin-haltigen Schemata [Ong ST, Vogelzang NJ: J Clin Oncol 1999;14:1007–1017]. Zudem hatten von 10 vorbehandelten Pat 2 Cisplatin-refraktäre Pat ein partielles Ansprechen, 6 Pat eine Krankheitsstabilisierung und 2 Pat eine Progression. Die mediane Zeit bis zur Progression betrug 4,5 (1–16+) Monate. Die mediane Überlebenszeit kann noch nicht beurteilt werden. **Schlussfolgerung:** Die Kombination aus Raltitrexed plus Oxaliplatin erweist sich als wirksam bei Pat mit malignem Mesotheliom. Sie zeigt ein akzeptables Verträglichkeitsprofil.

Oxaliplatin in Kombination mit anderen Zytostatika

1. Kombination mit Capecitabin

Abstract 772
PHASE I STUDY OF CAPECITABINE IN COMBINATION WITH OXALIPLATIN IN PATIENTS WITH ADVANCED OR METASTATIC SOLID TUMORS

E. Diaz-Rubio, J. Evans, J. Tabernero, J. Cassidy, J. Sastre, J.L. Lim, D. Bissett, J. Baselga, P. Regueiro
H Clínico San Carlos, Madrid, Spain; Beatson Oncology Ctr, Glasgow, UK; H Vall d'Hebron, Barcelona, Spain; Aberdeen Royal Infirmary, Aberdeen, UK; Productos Roche S A, Madrid, Spain

Hintergrund: Capecitabin (Cap; Xeloda®) ist ein orales, Tumor-selektives Fluoropyrimidin. Es wird vorzugsweise im Tumorgewebe durch die Thymidin-Phosphorylase zu 5-FU umgewandelt. Cap ist hochaktiv bei Mammakarzinomen und kolorektalen Karzinomen (CRC). Auch die zytotoxische Substanz Oxaliplatin ist wirksam bei CRC, besonders in Kombination mit 5-FU/Folinsäure. **Ziel** der Phase-I-Studie war die Bestimmung der maximal tolerablen Dosis und des Sicherheitsprofils von Cap in Kombination mit Oxaliplatin bei Patienten mit fortgeschrittenen und/oder metastasierten soliden Tumoren. **Patienten:** 23 Patienten mit verschiedenen Tumoren, u.a. von Kolon und Rektum (n = 9), Gallenblase (n = 2), Niere (n = 2) und Lunge (n = 2), wurden in die Studie aufgenommen. **Therapieschema:** Die Patienten erhielten bis zu 6 Zyklen einer Kombinationstherapie aus Oxaliplatin (130 mg/m²/Tag i.v., q 21 Tage) mit 1–4 Dosierungen von Cap (1000, 1650, 2000, oder 2500 mg/m²/Tag p.o. in 2 getrennten Dosen). Cap wurde über 2 Wochen – nachfolgend 1 Woche Pause – gegeben. Die Dosis von Cap wurde erhöht, sobald 3 Patienten in einer Gruppe einen Zyklus beendet hatten. **Ergebnisse:** Dosis-limitierende Toxizitäten (DLT) wurden auf der Basis der Toxizität im ersten Zyklus bewertet. Keine DLT traten bei den Dosierungen von 1000, 1650 und 2000 mg/m² auf. Bei eine Dosis von 2500 mg/m² zeigten 2 von 8 Patienten DLT (Diarrhöe Grad 3 und 4). Weitere 6 Patienten werden bei einer Dosierungstufe von 2000 mg/m² Cap weiter bezüglich kumulativer Toxizität (alle Zyklen) und Wirksamkeit analysiert. Von 18 Patienten, die bezüglich Ansprechen zur Zeit auswertbar sind, zeigten 5 von 9 Patienten mit CRC ein partielles Ansprechen, bei 3 weiteren CRC-Patienten kam es zu einer Krankheitsstabilisierung. Die empfohlene Dosis für weitere Studien ist für Oxaliplatin 130 mg/m²/Tag als 2-Stunden-Infusion in Kombination mit Cap 2000 mg/m² p.o., geteilt in eine Morgen- und Abend-Dosis (2 Wochen Behandlung, 1 Woche Pause).

Aufbauend auf diese Phase-I-Studie wird in Deutschland demnächst eine Phase-II-Studie begonnen.

2. Kombination mit UFT

Abstract 1148

PHASE II TRIAL OF OXALIPLATIN-UFT-LEUCOVORIN (OXA-UFT-LV) COMBINATION IN FIRST-LINE TREATMENT OF ADVANCED COLORECTAL CANCER (ACC)

C. Garcia-Girón, J. Feliu, J.M. Vincent, C. Madronal, E. Fonseca, M. Constela, B. de las Heras, C. Camps, J. Dorta, J. Iglesias, J. Castro, J. Lorenzo, M. González-Barón
Grupo Cooperativo Oncopaz, Spain

Hintergrund: Die Kombination aus Oxaliplatin, UFT und Folinsäure (Leucovorin, LV) ist bei Patienten (Pat) mit fortgeschrittenen kolorektalen Karzinomen (ACA) wirksam und weist eine niedrige Toxizität auf [Eur J Cancer 1995;31:2215]. Oxaliplatin ist wirksam in Kombination mit 5-FU/LV. **Studienziel:** Offene Phase-II-Studie zur Bestimmung von Verträglichkeit und Wirksamkeit einer Kombination aus Oxaliplatin-UFT-LV als First-line-Therapie bei Pat mit ACC. **Patienten:** Von März bis November 1999 sind 24 Pat in die Studie aufgenommen worden. Medianes Alter 64 (50–74) Jahre; männlich/weiblich 16/8, ECOG PS 0/1/2: 10/12/2. **Therapieschema:** Oxaliplatin 100 mg/m^2/Tag, Tag 1 und Tag 14, LV 250 mg/m^2 2-Stunden-Infusion Tag 1 gefolgt von LV 7.5 mg p.o., q 12 h über 14 Tage und UFT 390 mg/m^2 p.o. geteilt in 2 Dosen über 14 Tage. Zykluswiederholung alle 28 Tage. **Ergebnisse:** Bei den ersten 13 Patienten, die die initiale Dosis von 390 mg/m^2 UFT erhielten, wurden die ersten und zweiten Zyklen bezüglich Sicherheit/Verträglichkeit untersucht. An NCI-CTC-Grad 3–4-Toxizitäten traten auf: Diarrhöe bei 7/13 (54%) Pat bei 25 analysierten Therapiezyklen (28% der Zyklen) sowie Übelkeit und Erbrechen (23% der Pat, 32% der Zyklen). OR und SD waren in dieser Patientengruppe jeweils 43%. In Hinblick auf diese Toxizitäten wurde im Protokoll eine Reduktion der initialen Dosis von UFT auf 300 mg/m^2 für die folgenden Pat festgesetzt. 11 weitere Pat erhielten inital eine Dosis von 300 mg/m^2. Grad-3–4-Toxizitäten bei den ersten beiden Zyklen waren bei diesen 11 Pat: Diarrhöe (18% der Pat, 11% der Zyklen), Übelkeit und Erbrechen (9% der Pat, 6% der Zyklen). Schwere hämatologische Nebenwirkungen waren bei keiner der UFT-Dosierungen zu beobachten. **Schlussfolgerung:** Auf Grundlage dieser Ergebnisse ist die empfohlene Dosierung von UFT in einer Oxaliplatin-UFT-LV-Kombination (bezüglich Sicherheit) 300 mg/m^2/Tag für 14/28 Tage. Endgültige Ergebnisse folgen.

---

3. Kombination mit CPT-11

Abstract 889

DOSE ESCALATION OF OXALIPLATIN (L-OHP) + IRINOTECAN (CPT-11) AND FU-FOL COMBINATION BASED ON OXALIPLATIN PHARMACOKINETIC (PK) ANALYSIS IN ADVANCED COLORECTAL CANCER (ACRC)

M. Gil-Delgado, G. Bastian, G. Guinet, A. Benhammouda, M.A. Rocher, E.C. Antoine, David Coeffic, H. Bismuth, D. Khayat
Salpetrière Hosp, PARIS, France; Paul Brousse Hosp, Villejuif, France

Ziel dieser Phase-I–II-Studie war der Nachweis potentieller pharmakokinetischer (PK) Interaktionen zwischen Irinotecan (CPT-11) und Oxaliplatin. Weiterhin sollten Dosissteigerungen auf Basis der «oxaliplatin ultrafiltrable (UF) area under the curve (AUC)» angestrebt werden (Tabelle). Die Behandlung wurde alle 15 Tage wiederholt, sofern die Zahl der Neutrophilen >1000 und die der Thrombozyten >100 000 war und zudem keine schweren nichthämatologischen Toxizitäten vorlagen. Zum 2. Zyklus wurde CPT-11 am Tag 1 und Oxaliplatin am Tag 2 gegeben. PK Analysen wurden zum 1. und 2. Zyklus durchgeführt, um die beste Sequenz und mögliche Interaktionen zwischen den beiden Substanzen bestimmen zu können. Basierend auf den AUC-Ergebnissen wurden CPT-11 und Oxaliplatin nach der ersten Dosierungsstufe gemeinsam erhöht, danach nur jeweils eine der beiden Substanzen bei den Dosierungsstufen 3 und 4. **Patienten/Ergebnisse:** Zwischen März 1998 und November 1999 wurden 24 Patienten (Pat) mit

	Dosierungsstufe			
	1	2	3	4
Anzahl der Patienten	10	6	6	2
Oxaliplatin (Tag 1), mg/m^2	65	75	85	85
CPT-11 (Tag 2), mg/m^2	150	165	165	180
FU-FOL (Tag 2–3)	de-Gramont-Schema	de-Gramont-Schema	de-Gramont-Schema	de-Gramont-Schema

fortgeschrittenen kolorektalen Karzinomen (ACRC) in die Studie aufgenommen; M/F = 13/11 ; medianes Alter 56 (41–72) Jahre; PS 0/1/2 = 15/7/2 ; First line = 10 Pat ; Second line = 9 Pat ; Third line = 5 Pat. Bei 18 Pat (75 %) war die Leber betroffen. Die hauptsächlichen Toxizitäten waren Neutropenie und Diarrhöe. 3 Pat (12%) hatten eine febrile Neutropenie. Zu den Stufen 1/2/3 waren bei 4/10; 1/6; 3/6 und 1/2 (noch unter Therapie) Pat Dosis-limitierende Toxizität (DLT) nachzuweisen. Bei 10 Pat war ein Ansprechen (2 CR; 8 PR) festzustellen. Bei einer ORR von 41% konnte eine partielle Hepatektomie bei 6 Pat (25%) durchgeführt werden. PK Ergebnisse: Die UF-Oxaliplatin-Clearance ist signifikant niedriger (27,87 L/h. vs. 23,24 L/h., p = 0,0047), wenn CPT-11 am Tag 1 vor Oxaliplatin gegeben wird. PK Analysen bezüglich CPT-11 folgen. **Schlussfolgerung:** Diese Kombination zeigt eine hohe antitumoröse Aktivität mit beherrschbarer Toxizität. Die PK Interaktionen könnten dazu veranlassen in zukünftigen Protokollen CPT-11 vor Oxaliplatin zu geben.

Abstract 921G
PHASE I STUDY OF TRIPLE COMBINATION OF OXALIPLATIN + IRINOTECAN + LV5FU2 IN PATIENTS WITH METASTATIC SOLID TUMORS

T. Conroy, J.-F. Seitz, G. Capodano, A. Kramar, A. Hua, M. Ychou
Ctr Alexis Vautrin, Vandoeuvre les Nancy, France; Ctr Paoli Calmettes, Marseille, France; Ctr Val d'Aurelle, Montpellier, France; Rhône-Poulenc Rorer, Montrouge, France

Hintergrund: Irinotecan (CPT-11), Oxaliplatin und 5-Fluorouracil (5-FU) sind Medikamente mit unterschiedlichen zytotoxischen Mechanismen, die bei metastasierenden kolorektalen Karzinomen (MCRC) wirksam sind. **Studienziele** waren die Bestimmung der maximal verträglichen Dosis (MTD), der Dosis-limitierenden Toxizität (DLT) und der zu empfehlenden Dosis für eine Kombination aus Oxaliplatin + CPT-11 + LV5FU2 für zukünftige Phase-II-Studien. **Therapie:** Anfangsdosierungen waren für Oxaliplatin 60 mg/m^2 Tag 1, gefolgt von CPT-11 mit 90 mg/m^2 Tag 1, sodann ein LV5FU2-Schema in vollständiger Dosierung, Tag 1 / Tag 2: Leucovorin 200 mg/m^2 gefolgt von 5-FU 400 mg/m^2 als Bolus und 600 mg/m^2 als kontinuierliche 22-Stunden-Infusion, alle 2 Wochen. DLTs (im ersten Zyklus) wurden wie folgt festgelegt: Neutropenie (N) Grad 4 ≥7 Tage oder mit Fieber (FN) oder Infektion, symptomatische Thrombozytopenie (thromb), Grad-3–4-Diarrhöe (Dia) und Neurotoxizität (NT) sowie jede Art von Toxizität, die zu einer Zyklusverschiebung von >14 Tagen führte. Im Falle einer Grad-4-Neutropenie ≥7 Tage oder fehlender Erholung bis zum Tag 15 wurden weitere Zyklen mit G-CSF von Tag 7–12 gegeben. **Patienten:** 35 Patienten (Pat) wurden in die Studie aufgenommen: medianes Alter 53 (32-73) Jahre, M/F = 20/15, mediane vorhergehende Chemotherapien 2 (0–6), PS: 0/1/2 = 9/17/9 (Tabelle). **Ergebnisse:** Dosisreduktionen waren häufiger bei der Dosierungsstufe 85/200 (24% der Zyklen). 50% der Pat benötigten G-CSF bei 40% der Zyklen. Die MTD war bei den Dosierungsstufen von 220 mg/m^2 für CPT-11 und 85 mg/m^2 für Oxaliplatin erreicht. Von 28 auswertbaren Pat hatten 9 ein objektives Ansprechen, darunter 2 CR und 3 PR bei 9 vorbehandelten Pat mit MCRC. Die empfohlene Dosis für CPT-11 ist 180 mg/m^2 und für Oxaliplatin 85 mg/m^2 mit einer vollständigen LV5FU2-Dosierung. **Schlussfolgerung:** Die Triple-Kombination zeigte eine akzeptable Sicherheit und vielversprechende Wirksamkeit für zukünftige Phase-II-Studien, bei denen beispielsweise eine Resektabilität von vorher nicht resektablen Metastasen eines CRC erzielt werden soll.

Dosierungsstufe Oxaliplatin/CPT-11, mg/m^2	Anzahl Pat/Zyklen	DLT beim 1. Zyklus	Hauptsächliche Toxizitäten Grad 3–4, Patientenzahl/Zahl des Zyklus			
			FN	thromb	NT**	Dia
60/90	3/22	–	–	–	–	–
60/120	4/45	–	–	1/1	–	–
85/120	2/5	–	–	1/3	–	–
85/150	6/39	2 (Dia Grad 3, Grad 4)	2/2	2/6	2/7	4/4
85/180	9/40	2 (N Grad 4, 7 Tage, FN+Dia Grad 4)	1/1	3/5	2/7	2/2
85/200	6/25	2 (N Grad 4, 7 Tage, Stomatitis Grad 4)	–	–	1/1	–
85/220	5/34	2* (N Grad 4, 7 Tage, FN Grad 4)	1/2	1/3	2/8	2/5

*2 DLT bei den ersten 4 Pat.
**Spezifische Levi-Skala.

Abstract 948

PHASE I TRIAL OF WEEKLY OXALIPLATIN AND IRINOTECAN IN PREVIOUSLY TREATED PATIENTS WITH METASTATIC COLORECTAL CANCER

N. Kemeny, W. Tong, J. Stockman, J. Blanchette, L. Saltz
Memorial Sloan-Kettering Cancer Ctr, New York, NY, USA

Hintergrund: Der Wirkmechanismus von Oxaliplatin besteht darin Platin-DNA-Addukte zu bilden. Eine Resistenz gegen Oxaliplatin wird durch die Reparatur dieser Platin-DNA-Addukte erzielt. Dazu ist eine durch die Topoisomerase I (topo I) vermittelte Entspiralisierung der beschädigten DNA erforderlich. Somit ist die Kombination eines Topoisomerase-I-Hemmers mit einem Platinpräparat ein logischer Schritt. Präklinische Synergien zwischen Oxaliplatin und Irinotecan (CPT-11) sind nachgewiesen worden. **Studienziel:** Phase-I-Studie Oxaliplatin plus CPT-11 in eskalierender Dosierung zur Optimierung einer Synergie. **Therapieschema:** Oxaliplatin wurde wöchentlich als 2-Stunden-Infusion gegeben, gefolgt von einer wöchentlichen 30-min-Infusion von CPT-11, über 4 Wochen, q 6 Wochen. **Ergebnisse:** 28 Patienten (Pat) wurden anfangs in die Studie aufgenommen; mediane Werte: Alter 62 Jahre; KPS 90; Alkalische Phosphatase 105 (70–503); LDH 194 (107–867). Alle Pat hatten vorher eine Therapie aus 5-FU und Folinsäure erhalten. 17 hatten vorher eine Therapie mit CPT-11. Diarrhöe und neutropenisches Fieber waren die Dosis-limitierenden Toxizitäten (DLT). Je 1 Pat hatte eine Grad-2- bzw. Grad-3-Neurotoxizität. Bei den 23 für ein Ansprechen auswertbaren Pat wurde in 6 Fällen ein partielles Ansprechen beobachtet (Tabelle). **Schlussfolgerung:** Die empfohlenen Phase-II-Dosierungen sind für Oxaliplatin 60 mg/m^2 und für CPT-11 65 mg/m^2, jeweils wöchentliche Gabe über 4 Wochen, gefolgt von 2 Wochen Pause. Dies ist ein wirksames Schema mit akzeptabler Toxitität bei vorbehandelten Pat mit metastasiertem CRC. 12 weitere Pat sind mit den empfohlenen Dosierungen in die Studie aufgenommen worden. Pharmakokinetische Daten dieser Pat folgen.

Oxaliplatin-Dosis, mg/m^2	CPT-11-Dosis, mg/m^2	Anzahl der Patienten	CEA-Abfall 50%, n	Ansprechen	DLT 1. Zyklus
30	40	4	1	0	0
40	40	3	1	1 PR	0
50	40	3	2	1 PR	0
60	40	3	1	1 SD	0
60	50	6	1	4 SD	1 Grad-4-ANC
60	65	3	3	3 PR	0
60*	75	6	4	1 PR, 2 TE	1 Grad-4-ANC; 2 Grad-4-Diarrhöen

PR = Partielles Ansprechen; SD = Krankheitsstabilisierung; TE = zu früh.
*MTD.

Auf dem zum ASCO vorgestellten Poster war die Zahl der aufgenommenen Patienten auf 46 angestiegen.

Abstract 978

FINAL RESULTS OF CPT-11 AND L-OHP COMBINATION VERSUS ALTERNATED COMBINATION OF LV5FU2 + CPT-11 / LV5FU2 + LOHP (OXALIPLATIN) IN 5-FU-RESISTANT ADVANCED COLORECTAL CANCER (ACRC)

Y. Bécouarn, M. Mousseau, E. Gamelin, B. Coudert, J. Marceau-Suissa, M. Bekkrada, F. Desseigne
Inst Bergonié, Bordeaux, France; CHU, Grenoble, France; Ctr Paul Papin, Angers, France; Ctr F Leclerc, Dijon, France; Lab Rhône Poulenc Rorer, Montrouge, France; C & AC, Kremlin Bicetre, France; Ctr Léon Berard, Lyon, France

Ziel dieser randomisierten Phase-II-Studie war es, bei Patienten (Pat) mit 5-FU-resistenten, fortgeschrittenen kolorektalen Tumoren (ARC) die Wirksamkeit zweier Chemotherapie-Schemata zu bestimmen, die Irinotecan (CPT-11)/Oxaliplatin mit oder ohne 5-FU enthielten. **Therapieschema:** *Arm A:* CPT-11 (180 mg/m^2) Tag 1 (D1) + LV5FU2 (de-Gramont-Schema) D1–D2 (A1) gefolgt von Oxaliplatin (85 mg/m^2) D15 + LV5FU2 (gleiches Schema) D15–D16 (A2), der Zyklus (cy) wurde alle 4 Wochen wiederholt. *Arm B:* Oxaliplatin (85 mg/m^2) / CPT-11 (200 mg/m^2) D1, alle 3 Wochen. **Einschlusskriterien:** CRC mit messbarer Erkrankung; dokumentierte Progression unter 5-FU oder innerhalb von 6 Monaten nach 5-FU-Therapie; $\leq$1 vorhergehendes 5-FU-Paliativ-Schema; Performance-Status $\leq$ 2. Seit Juli 1997 wurden in Arm A 32 Pat aufgenommen (136 Zyklen wurden gegeben); auswertbar sind 24 Pat bezüglich Wirksamkeit und 32 Pat bezüglich Toxizität; medianes Alter 61 Jahre; PS 0/1/2: 13/17/2. In Arm B wurden 32 Pat aufgenommen (2 nicht behandelt; 195 Zyklen wurden verabreicht); auswertbar sind 29 Pat bezüglich Wirksamkeit und 30 Pat bezüglich Toxitität; medianes Alter 65 Jahre; PS 0/1/2 : 21/8/1. **Ergebnisse** sind in der Tabelle gelistet. **Schlussfolgerung:** Die zwei vorgestellten Therapieschemata können als akzeptable Alternativen nach 5-FU-Versagen eingeschätzt werden. Die Ergebnisse bezüglich Ansprechrate (RR) und Zeit bis zur Progression (TTP) in Arm B sind sehr ermutigend. Weitere Studien, die die im Abstand von 2 Wochen gegebene Kombination mit oder ohne LV5FU2 untersuchen, sind im Gange.

Wirksamkeit	Arm A	Arm B
PR/SD/PD	4 (16%) / 15 (62%) / 5 (21%)	8 (28%) / 13 (45%) / 8 (27%)
TTP, Monate (Bereich)	8 (6–10)	10 (5–15)
Medianes Überleben, Monate	10	12

Toxizität (Grad 3–4)	Pat		Zyklen		Pat		Zyklen	
	n	%	n	%	n	%	n	%
Neutropenie	14	44	46	34	12	40	27	14
Febrile Neutropenie	4	12	6	4	1	3	1	<1
Diarrhöe	5	15	6	4	2	7	2	1
Übelkeit/Erbrechen	1	3	1	<1	3	10	4	2
Grad-1–2-Neurotoxizität*	17	53	50	38	25	84	71	37

PR = Partielles Ansprechen; SD = Krankheitsstabilisierung; PD = Fortschreiten der Krankheit ; TTP = mediane Zeit bis zur Progression.
*Spezifische Skala [Levi et al.].

Abstract 1008
COMBINED IRINOTECAN, OXALIPLATIN, 5-FU IN PATIENTS (PTS) WITH METASTATIC COLORECTAL CANCER (MCC)

E. Calvo, M. Gonzalez-Cao, J. Cortes, J. Rodriguez, J.M. Ordoñez, A. Brugarolas
Clin Univ De Navarra, Pamplona, Navarra, Spain

Studienziel war die Bestimmung der Wirksamkeit und Verträglichkeit einer Chemotherapie-Kombination aus Irinotecan, Oxaliplatin, 5-FU bei Patienten (Pat) mit metastasiertem kolorektalem Karzinom (MCC). **Methodik/Therapieschema:** Im Zeitraum von September 1997 bis Juni 1999 wurden 33 Pat mit MCC mit ECOG < 3 in die Studie aufgenommen. 21 Pat (63,6%) hatten eine Progression unter einer vorhergehenden Chemotherapie. Sie wurden alle 4 Wochen mit Oxaliplatin 120 mg/m^2 i.v. Tag 1, Irinotecan 250 mg/m^2 (IRI250-Gruppe – 16 Pat) oder 300 mg/m^2 (IRI300-Gruppe – 17 Pat) Tag 1 sowie 5-FU nach einem unterschiedlichen Schema/Zugang – abhängig von den Erkrankungslokalisationen – behandelt: 17 Pat mit alleiniger hepatischer Erkrankung erhielten 5-FU 2500 mg/Tag über eine intraarterielle Infusion, Tag 1-4 (IA-FU) und 16 Pat mit anderen Krankheitslokalisationen erhielten 5-FU 2,6 g/m^2 plus Leucovorin 500 mg/m^2 i.v. Tag 1 und 15 (IV-FUFOL). **Ergebnisse:** 175 Zyklen wurden gegeben (Median 5, Bereich (1–13)). 3 Pat konnten nicht bezüglich Ansprechen ausgewertet werden. Die «Intent-to-treat»-Gesamtansprechrate (RR) war 57,6% (19 Pat; 95% CI: 40,9–74,4%), einschließlich 3 CR (9,1%). 7 Pat (21,2%) hatten eine stabile Krankheitsphase und nur 4 Pat (12,1%) zeigten eine Progression. Die mediane Zeit bis zum Therapieversagen war 8 (1–26+) Monate (m). Nach einer medianen «Follow-up»-Zeit von 18 m (5–27 m) lebten noch 18 Pat (54,5%), das mediane Gesamtüberleben konnte noch nicht bestimmt werden. Es zeigten sich keine signifikanten Unterschiede bezüglich RR in den verschiedenen Gruppen (IRI250: 75%; IRI300: 50%; IA-FU: 58,8%; IV-FUFOL: 56,2%). Hauptsächliche Toxizitäten waren Diarrhöe und Zytopenie. Grad-3–4-Diarrhöe (NCI-Kriterien) hatten 39,4% der Pat, die Inzidenz einer Grad-3–4-Neutropenie/Thrombozytopenie war 42,4%. Die Inzidenzen für schwere Toxizitäten waren 52,9 und 64,7% für IA-FU, 25 und 18,7% für IV-FUFOL, 23,5 und 41,2% für IRI300 sowie 56,3 und 43,7% für IRI250. Es gab 3 Therapieabhängige Todesfälle (9,1%), alle jeweils in der IA-FU/IRI300-Untergruppe. Die häufigsten nichthämatologischen Nebenwirkungen waren Mukositis, Erbrechen und periphere Neuropathie. Eine schwere Neuropathie war jeweils bei 9,1, 9,1 und 6,1% der Pat aufgetreten. **Schlussfolgerung:** Die Daten weisen darauf hin, dass eine Chemotherapie mit einer Kombination aus Irinotecan, Oxaliplatin und 5-FU eine deutliche antitumoröse Wirksamkeit bei Pat mit metastasiertem CC hat. Die Gesamttoxizität war besonders in den IA-FU- und IRI300-Gruppen von Bedeutung. Gastrointestinale Symptome und Zytopenie waren hier die Dosis-limitierenden Toxizitäten.

Abstract 1161

PHASE I–II STUDY OF IRINOTECAN (CPT-11), OXALIPLATIN (LOHP), LEUCOVORIN (LV) AND 5-FLUOROURACIL (5-FU) 48-HOUR CONTINUOUS INFUSION (C.I.) IN METASTATIC COLORECTAL CANCER PATIENTS

A. Falcone, G. Masi, E. Pfanner, M. Lencioni, R. Di Marsico, I. Brunetti, G. Allegrini, S. Comis, P. Conte
Hosp Civile, Livorno, Italy; Hosp S Chiara, Pisa, Italy; Rhone-Poulenc Rorer, Milano, Italy

Hintergrund: Irinotecan (CPT-11), Oxaliplatin und Leucovorin/5-Fluorouracil (LV/5-FU) sind wirksame Substanzen bei der Therapie des metastasierenden kolorektalen Karzinoms (mCRC). Sie besitzen unterschiedliche Wirkungsmechanismen und Dosis-limitierende Toxizitäten. Darüber hinaus zeigen die Kombinationen aus CPT-11 + LV/5-FU, Oxaliplatin + 5-FU/LV und CPT-11 + Oxaliplatin synergistische oder additive Interaktionen in experimentellen Tumormodellen sowie eine verbesserte antitumoröse Wirksamkeit und/oder Überlebenszeit bei Patienten (Pat) mit mCRC. **Ziel** dieser Phase-I–II-Studie bei Pat mit mCRC war die Bestimmung der maximal verträglichen Dosis (MTD) und der antitumorösen Aktivität von CPT-11. **Therapie/Ergebnisse:** CPT-11 wurde als 60-min-Infusion alle 2 Wochen gegeben, kurz vor einer festgelegten Oxaliplatin Dosis von 100 mg/m^2 über 2 h, l-LV 200 mg/m^2 über 2 h und 5-FU 3800 mg/m^2 als eine 48-stündige semi-intermittierende c.i., wobei 67% der gesamten 5-FU-Dosis zwischen 16:00 Uhr und Mitternacht verabreicht wurden. Bei den ersten 3 Pat wurde CPT-11 mit 125 mg/m^2 und bei den folgenden 13 Pat mit 175 mg/m^2 gegeben. Die letzte Dosierung von CPT-11 wurde nicht weiter gesteigert und als MTD sowie zu empfehlende Dosierung festgelegt. Bei ihr traten WHO-Grad-III–IV-Diarrhöen bei 3/13 Pat (23%), febrile Neutropenien bei 2 (15%) Pat und Grad-III-Thrombozytopenie bei 1 (8%) Pat auf. Wegen früher aufgetretener febriler oder persistierender Neutropenien am Tag 15 erhielten 4/16 (25%) Pat G-CSF. Keine anderen wesentlichen Toxizitäten oder toxische Todesfälle wurden festgestellt. Bis jetzt sind 7 Pat (3 vorbehandelt mit 5-FU) bezüglich Ansprechen auswertbar: Bei 5 (71%) von ihnen wurde ein partielles Ansprechen, bei 2 eine stabile Krankheitsphase beobachtet. Die Studie wird fortgesetzt, um ausführlichere Daten bezüglich einer antitumorösen Aktivität dieser neuen Substanz-Kombination zu erhalten. Die vorliegenden, vorläufigen Ergebnisse zeigen, dass die Kombination annähernd mit der vollen Dosierung der Einzelkomponenten durchführbar ist. Die häufigsten Dosis-limitierenden Toxizitäten sind Neutropenie und Diarrhöe. Die antitumoröse Wirkung ist sehr vielversprechend.

Abstract 1237

OXALIPLATIN, IRINOTECAN (CPT-11), AND 4-DAY CONTINUOUS INFUSION 5-FLUOROURACIL (CIVFU) EVERY 3 WEEKS (Q3W): A PHASE I STUDY IN ADVANCED GASTROINTESTINAL TUMORS

F. Lerebours, P. Cottu, H. Hocini, N. Bedairia, A. Bexon, N. Chouaki, M. Espie, M. Marty
Hôpital St Louis, Paris, France; Sanofi-Synthelabo, Gentilly, France; CAC, Kremlin-Bicêtre, France

Hintergrund/Studienziel: Oxaliplatin und Irinotecan (CPT-11) sind bei Patienten (Pat) mit kolorektalem Karzinom (CRC) wirksam, haben keine überlappende Toxitität sowie in vitro und in vivo wohl synergistische Aktivitäten. Die Kombinationsgabe q3W ist durchführbar und wirksam [Wasserman, ASCO 1999, Abstr 913]. Dosis-limitierende Toxizitäten (DLT) waren Diarrhöe und febrile Neutropenie, die bei Oxaliplatin/CPT-11-Dosierungen von 110/200 mg/m^2 gesehen wurden. Die empfohlenen Oxaliplatin/CPT-11-Dosierungen (RD) sind 85/200 mg/m^2 q3W. Präklinische und klinische Phase-II–III-Studien berichten über eine ermutigende Wirksamkeit und ein gutes Sicherheitsprofil für Oxaliplatin/FU und CPT-11/FU Kombinationen. Die maximale verträgliche Dosis (MTD), festgesetzt durch die DLT im ersten Behandlungszyklus (cy), wurde für Oxaliplatin/CPT-11/CIVFU q3W bestimmt. **Therapie:** Oxaliplatin wurde als 2-Stunden-Infusion verabreicht, gefolgt nach 1 h von einer 30-min CPT-11-Infusion und 96 h CIV FU. Zwei Dosierungsstufen (DL) von Oxaliplatin/CPT-11/CIVFU q3W wurden untersucht (mg/m^2): DL1 85/200/2000, DL2 85/200/3000. **Patienten:** Von März 1998 bis Oktober 1999 wurden intensiv vorbehandelte 14 Pat (m/w 7/7) mit einem in Progression befindlichen Krankheitsstadium in die Studie aufgenommen; Performance-Status (PS) 0/1: 7/7 Pat. Tumortyp: CRC 7 Pat, Magenkarzinom 2 Pat, Ösophaguskarzinom 1 Pat, Leberkarzinom 1 Pat, Pankreaskarzinom 2 Pat, Neuroendokriner Tumor 1 Pat. **Ergebnisse:** 11/14 Pat waren bezüglich Ansprechen auswertbar, 7 hatten eine Krankheitsstabilisierung (SD), 2 über 8 cy (≥6 Monate). Sicherheit: 62 cy auswertbar (1–8 cy/Pat), NCI-CTC (Tabelle). Drei auftretende Episoden von febrilen Neutropenien und 2 Grad(G)-3-Diarrhöen als DLTs bei DL2 gaben Anlass, diese Dosierung protokollgemäß als MTD festzusetzen. Keine anderen DLTs wurden beobachtet. **Schlussfolgerung:** Diese vorläufigen Ergebnisse legen den Schluss nahe, dass die RD für Pat mit gutem PS und mit einem niedrigen Toxizitätsrisiko DL1 sein könnte: Oxaliplatin 85 mg/m^2, CPT-11 200 mg/m^2, FU 2000 mg/m^2/96 h, q3W. Unterstützt durch Sanofi-Synthelabo, France.

DL	Pat	Zyklen	Zyklenzahl (Median)	Dosis Oxaliplatin/ CPT-11/FU, mg/m²	Neutropenie				Diarrhöe			
					Grad 3		Grad 4		Grad 3		Grad 4	
					Pat	cy	Pat	cy	Pat	cy	Pat	cy
1	7	33	6	85/200/2000	3	6	2	11	1	2	1	1
2	7	28	3	85/200/3000	2	8	5	7	2	2		

4. Kombination mit Topotecan

Abstract 840
PHASE I STUDY OF TOPOTECAN (TPT) IN COMBINATION WITH OXALIPLATIN EVERY 3 WEEKS: IDENTIFICATION OF RISK FACTORS FOR TOXICITY

F. Goldwasser, M. Gross-Goupil, J.M. Tigaud, G. Lopez, M. Di Palma, D. Romain, J.L. Misset
Hosp Paul Brousse, Villejuif, France; SmithKline Beecham Pharmaceuticals, Nanterre, France

Hintergrund/Studiendesign: Die Entwicklung einer Platin-und Camptothecin-Kombination ist von großem Interesse, ihre Anwendung ist aber durch supraadditive Toxizität eingeschränkt. In dieser Studie wurde Topotecan (TPT), das durch Neutropenie als Dosis-limitierende Toxizität (DLT) gekennzeichnet ist, mit Oxaliplatin, das keine Hämatotoxizität, dafür eine kumulative neurosensorische DLT besitzt, kombiniert. Oxaliplatin wurde als 2-Stunden-Infusion, TPT nach Oxaliplatin als 30-min-Infusion über 5 Tage gegeben. Die Zyklen (cys) wurden alle 3 Wochen wiederholt. Im November 1999 waren 26 Patienten (Pat) und 132 cys bezüglich Zytotoxizität auswertbar. **Patienten:** Medianes Alter 52 (34–75) Jahre, Performance-Status (PS): 0 (9 Pat), 1 (15 Pat) oder 2 (2 Pat). Tumoren: hepatozellulär 9, ovarial 6, renal 3 oder andere 9. Zahl vorhergehender Chemotherapien: 0 (9 Pat), 1 (12 Pat), 2 (2 Pat), >2 (3 Pat). **Ergebnisse:** WHO-Grad-4-Toxizität pro Dosierungsstufe und Patient (Tab. 1). Es traten 3 febrile Neutropenien in 133 Zyklen auf. Andere DLTs waren Grad-4-Thrombozytopenie (7 Pat/7 cys) und Grad-4-Neutropenie >7 Tage (3 Pat/4 cys). 2 partielle und 1 komplettes Ansprechen waren bei Pat mit Ovarialkarzinomen festzustellen, die vorher mit Carboplatin und Paclitaxel behandelt worden waren. **Schlussfolgerung:** Die Kombination aus Oxaliplatin und TPT ist anwendbar und wirksam. Weitere Studieneinschlüsse werden bestätigen müssen, ob die empfohlene Dosierung für Phase-II-Studien die Dosierungsstufe 4 bleibt. Unterstützung erfolgte durch Sanofi-Synthelabo.

Tab. 1. WHO-Grad-4-Toxizität pro Dosierungsstufe und Patient

TPT/Oxaliplatin, mg/m²	Pat/cy	cy pro Pat, Median (Bereich)	ANC	Thrombozyten	DLT	Pat/cy mit niedrigem Toxizitätsrisiko*	DLT
0,5/85	6/34	4 (1–12)	1	2	2	4/31	0
0,75/85	6/40	7 (2–12)	3	2	2	4/24	0
1/85	4/24	6 (2–10)	1	1	0	4/24	0
1/110	6/23	3 (1–9)	2	0	1	6/23	1
1,25/110	4/11	2+ (1–5)	3	2	3	3/8+	2

*Niedriges Toxizitätsrisiko war bei folgenden Kriterien anzunehmen: PS 0–1 UND ≤ 2 vorhergehende Chemotherapie-Schemata UND Kreatinin-Clearance ≥ 60 ml/min UND guter biologischer, Ernährungs- und entzündlicher Status.

Abstract 895

OXALIPLATIN IN COMBINATION WITH CONTINUOUS INFUSION OF TOPOTECAN IN PATIENTS WITH 5-FU-REFRACTORY METASTATIC COLORECTAL CARCINOMA: A PHASE IB STUDY

H. Szelenyi, G. Huetter, H.J. Staab, E. Thiel, U. Keilholz
Free Univ of Berlin, Univ Hosp Benjamin Franklin, Berlin, Germany; SmithKline Beecham, München, Germany

Hintergrund: Oxaliplatin zeigt gute Wirksamkeit bei der Behandlung des kolorektalen Karzinoms (CRC). Topotecan (TPT), ein Topoisomerase-I-Inhibitor zeigt gleichfalls eine gewisse Aktivität bei CRC, wenn es als kontinuierliche Infusion (civ) gegeben wird. **Studienziel** war die Dosisfindung für die civ einer Kombination aus Oxaliplatin und TPT bei Patienten (Pat) mit metastasierendem CRC, die unter einer 5-FU/Folinsäure-haltigen Therapie eine Progression erlitten hatten. Die Therapie wurde alle 3 Wochen wiederholt. 14 **Patienten** wurden in die Studie aufgenommen: medianes Alter 64 Jahre, weiblich/männlich 5/9, Rektum/Kolon 9/5; mediane Zeit seit der letzten 5-FU-Therapie 2 (1–3) Monate. **Therapie/Toxizität:** Mit der Dosierungsstufe 1 (Oxaliplatin 85 mg/m^2 gefolgt von TPT 0,9 mg/m^2/Tag über 5 Tage, civ) wurden die ersten 7 Pat mit 10 Zyklen behandelt. Signifikante hämatologische Toxizitäten (Thrombozytopenie Grad 4 bei 4/10 Zyklen, Grad 3 bei 2/10 Zyklen und Leukopenie Grad 4 bei 2/10 Zyklen) zwangen zu einer Dosisreduktion. Ein Pat verstarb aufgrund einer neutropenischen Infektion. 7 weitere Pat wurden mit der Dosierungsstufe 2 behandelt (Oxaliplatin 85 mg/m^2 gefolgt von TPT 0,9 mg/m^2/Tag über 3 Tage, civ). Nach 15 Zyklen in dieser Dosierung waren die Nebenwirkungen weniger stark ausgeprägt: Thrombozytopenie Grad 3 und 4 bei je 1 Zyklus, 1 Episode neutropenisches Fieber, keine anderen Toxizitäten Grad 2 traten auf. Eine objektive Remission war nicht nachzuweisen. Jedoch zeigten 6/12 Pat mit mehr als 1 Therapiezyklus eine Krankheitsstabilisierung über median 5 (4–7) Monate. **Schlussfolgerung:** Die empfohlene Dosierung für Phase-II-Studien, z.B. bei Pat mit Ovarialkarzinom oder CRC, liegt bei dieser Kombination für Oxaliplatin bei 85 mg/m^2 und für TPT bei 0,9 mg/m^2/Tag, civ 3 Tage.

---

5. Kombination mit Gemcitabin

Abstract 862

BIWEEKLY DOCETAXEL (DOC), GEMCITABINE (GEM) AND OXALIPLATIN (L-OHP) IN PRETREATED PATIENTS WITH SOLID TUMORS. RESULTS OF A PHASE I STUDY

D. Wunderlich, T. Buechele, R. Zamoryn, T. Kegel, L.P. Mueller, A. Grothey, H.J. Schmoll, M. Graubner
Martin-Luther-University, Halle, Germany; Schotten Hosp, Schotten, Germany

Hintergrund: In-vitro-Daten lassen einen Sequenz-abhängigen Synergismus zwischen Docetaxel (Doc), Gemcitabin (GEM), Oxaliplatin vermuten. **Studienziel:** Um die Toxizität dieser neuen Dreier-Kombination festzustellen, wurde eine Pilotstudie an 11 Patienten (Pat) mit refraktären Tumoren mit einem 2-wöchigen Schema durchgeführt. **Therapieschema:** Doc XX mg/m^2 1-Stunden-Infusion Tag 1, gefolgt nach 1 h Pause von Gem XX mg/m^2 30-min-Infusion Tag 1, Oxaliplatin XX mg/m^2 2-Stunden-Infusion Tag 2; q Tag 15. Aufgrund der Ergebnisse dieser Studie wurde eine Dosis-Eskalations-Studie begonnen. Zur Zeit können 31 Pat bezüglich Toxizität (187 Applikationen, median 6/Pat, Bereich 2–15/Pat) und 22 Pat bezüglich Wirksamkeit ausgewertet werden. **Patienten:** 20 M / 11 F, medianes Alter 59 Jahre, PS 1, vorhergehende Ctx 1. Tumor Typen: H & N 12, Sarkome 5, CUP 3, CCC 3, Pankreas 3, NSCLC 2, Magen-, Nebennieren- und Ovarial-Karzinom je 1. **Ergebnisse:** Grad-3/4-Nebenwirkungen sind in Tabelle 1 aufgeführt. 2 Pat wurden wegen Neurotoxizität Grad 4 (nach 10 Applikationen) und Hauttoxizität Grad 3 von der Studie ausgeschlossen. Keine weiteren Neurotoxizitäten >Grad 2 traten auf, auch nicht bei Pat mit ähnlicher Zahl von Applikationen. Wirksamkeit: Partielle Remission (PR) 5 (23%); Krankheitsstabilisierung (SD) 13 (59%), 4 von ihnen mit klinischer Besserung; Progression (PD) 4 Pat (18%). **Schlussfolgerung:** Die Kombination von Doc/Gem/Oxaliplatin ist ambulant anwendbar und zeigt vielversprechende Aktivität. Eine Dosis-Eskalation (zur Zeit Dosierungsstufe 4) wird fortgesetzt.

Tab. 1. Dosis-Eskalation und hauptsächliche Nebenwirkungen

Dosierungsstufe	Dosierung mg/m²			Anzahl der Patienten	Toxizität Grad 3/4 NCI-CTC, %		
	Doc	Gem	Oxaliplatin		WBC	Neuro	Haut
0	35	800	65	11	9	–	–
I	45	800	65	5	20	20	–
II	45	1000	65	3	–	–	–
III	55	1000	65	7	29	–	29
IV	55	1300	65	5	–	–	–
V	55	500	80	zu früh	zu früh	zu früh	zu früh

Abstract 913

PHASE I/II STUDY IN ADVANCED PANCREATIC ADENOCARCINOMA (APA) AND CARCINOMA OF UNKNOWN PRIMARY (CUP): A COMBINATION OF LEUCOVORIN (LV), 5-FU BOLUS AND INFUSION, GEMCITABINE (GEM) AND OXALIPLATIN (L-OHP) (FOLFU GEMOX REGIMEN)

M. Mousseau, C. Rebischung, C. Garnier, E. Chirpaz, J. Provençal, E. Papillon, J. Balosso, D. Charlety, A. Lemoigne, D. Pasquier, R. Schaerer, J.P. Esterni
CHU, Grenoble, France; CH, Gap, France

Hintergrund: Folinsäure (LV), 5-FU und Gemcitabin (GEM) in Kombination (FOLFU-GEM) zeigen Aktivitäten beim fortgeschrittenem Adenokarzinom des Pankreas (APA) [C. Louvet, ASCO 1999] mit einer objektiven Ansprechrate (OR) von 19%. Die Kombination aus GEM und Oxaliplatin wirkt supraadditiv bei humanen Kolonkarzinom-Zellen [S. Faivre, AACR 1998]. LV-FU in Kombination mit Carboplatin erreichte eine OR von 25% bei Patienten mit unbekanntem Primärtumor (carcinoma of unknown primary, CUP) [Rig, Br J Cancer 1997]. 30 Patienten (P) wurden in die Studie aufgenommen (14 APA, 9 CUP). **Therapieschema:** LV 400 mg/m² 2-Stunden-Infusion i.v., gefolgt von 5-FU 400 mg/m² als Bolus und 2400 mg/m² 48-Stunden-Infusion (bei den ersten 3 P) oder 2000 mg/m² (bei den übrigen 21 P). GEM wurde 3 Tage nach der 5-FU-Infusion (800 mg/m²) gegeben, gefolgt von Oxaliplatin (85 mg/m²). Die Behandlung wurde alle 3 Wochen wiederholt bis zur Progression zu einem metastasiertem Krankheitsstadium (17 P), oder es wurden 3 Zyklen durchgeführt mit anschließender Chemoradiotherapie bei lokal fortgeschrittener Erkrankung (7 P). **Patienten:** Es werden die ersten vorläufigen Ergebnisse von 24 auswertbaren Patienten vorgestellt (medianes Alter 55 (41–72) Jahre). Der «Performance-Status» (OMS) war 0 oder 1 bei 21 P und 2 bei 3 P. 96 Zyklen konnten ausgewertet werden. **Toxizität:** Die hauptsächliche Toxizität bestand in einer Neutropenie Grad 3–4 bei 27% aller Zyklen mit febrilen neutropenischen Episoden bei 6% der Zyklen. Andere auftretende Toxizitäten waren mild: Grad-3–4-Thrombozytopenie in 8%, Grad-2-Mukositis in 11%, Grad-3-Diarrhöe in 3% und Grad-3–4-Übelkeit in 10% der Zyklen. Eine Grad-4-Alopezie beobachtete man bei allen Patienten. Behandlungsbedingte Todesfälle traten nicht auf. Eine toxizitätsbedingte Therapieverzögerung war in 10% der Zyklen zu beobachten. **Ergebnisse:** OR war 35% (23 P auswertbar) mit 4 CR (2 APA, 2 CUP) und 4 PR (4 APA). Das mediane PFS bzw. das Gesamtüberleben beliefen sich auf 8 bzw. 9 Monate für APA und 2 bzw. 4 Monate für CUP. Eine klinische Besserung war bei 74% der P (5 CUP, 12 APA) festzustellen, die mit FOLFU-GEMOX, einem dem FOLFU-GEM überlegenen Schema, behandelt worden waren.

---

6. Kombination mit Docetaxel

Abstract 443

A PHASE I STUDY OF DOCETAXEL (D) AND OXALIPLATIN (L-OHP) AS FRONT-LINE TREATMENT IN METASTATIC BREAST CANCER (MBC) AND NON-SMALL-CELL LUNG CANCER (NSCLC)

S. Agelaki, C. Kouroussis, D. Mavroudis, K. Kalbakis, J. Souglakos, D. Reppa, I. Isbarach, I. Mixaki, V. Georgoulias
Univ Gen Hosp of Heraklion, Heraklion, Greece

Studienziel: Bestimmung der maximal verträglichen Dosis (MTD) und der Dosis-limitierenden Toxizität (DLT) von Docetaxel (D) in Kombination mit Oxaliplatin bei Patienten (Pat) mit metastasierenden Mamma- (MBC) und nichtkleinzelligen Bronchialkarzinomen (NSCLC). **Patienten/Methodik:** 32 Pat (18 mit NSCLC und 14 mit MBC), die vorher noch keine Chemotherapie erhalten hatten, wurden in die Studie aufgenommen. Das mediane Alter der Pat war 66 Jahre, 31 (97%) hatten einen PS (WHO) 0–1. D wurde als 1-Stunden-Infusion nach standardmäßiger Prämedikation am Tag (d) 1 und Oxaliplatin als 2-Stunden-Infusion am d 1 oder d 2, in eskalierenden Dosierungen mit Dosierungsstufen von 5–10 mg/m² gegeben. Die Zyklen wurde alle 3 Wochen wiederholt. **Ergebnisse:** Wurden die beiden Substanzen am gleichen Tag gegeben, war die DLT_1 bereits bei der ersten Dosierungsstufe (D 70 mg/m² und Oxaliplatin 75 mg/m²) erreicht. Gab man die Substanzen an 2 aufeinander folgenden Tagen, war die DLT_2 bei Dosierungen von 75 mg/m² für D und 80 mg/m² für Oxaliplatin erreicht. Die prophylaktische Gabe von G-CSF erlaubte eine Dosissteigerung bis zu einer DLT_3 für D von 95 mg/m² und für Oxaliplatin von 90 mg/m². Die Dosis-limitierenden Nebenwirkungen waren febrile Neutropenie und Grad-4-Neutropenie. Bei 104 durchgeführten Zyklen trat eine Grad-3–4-Neutropenie bei 9 (28%) Pat auf, 3 (9%) von ihnen entwickelten Fieber. Septische Todesfälle waren nicht zu verzeichnen. Grad-3/4-Diarrhöen hatten 2 Pat. Bei 21 auswertbaren Pat war in 5 (24%) Fällen ein partielles Ansprechen festzustellen. Drei (14%) Pat hatten eine Krankheitsstabilisierung und 13 (62%) eine Krankheitsprogression. Die mediane Dauer des Ansprechens war 4 Monate. Die mediane Zeit bis zur Progression (TTP) und das mediane Überleben sind noch nicht erreicht worden. **Schlussfolgerung:** Die Kombination aus D und Oxaliplatin ist ein praktikables und gut verträgliches Schema. Die MTD hängt davon ab wie die Substanzen innerhalb des Zyklus gegeben werden. Die empfohlenen Dosierungen für Phase-II-Studien sind 85 mg/m² für D am Tag 1 und 90 mg/m² für Oxaliplatin am Tag 2 mit prophylaktischer Gabe von G-CSF.

Abstract 862

BIWEEKLY DOCETAXEL (DOC), GEMCITABINE (GEM) AND OXALIPLATIN (L-OHP) IN PRETREATED PATIENTS WITH SOLID TUMORS. RESULTS OF A PHASE I STUDY

D. Wunderlich, T. Buechele, R. Zamoryn, T. Kegel, L.P. Mueller, A. Grothey, H.J. Schmoll, M. Graubner
Martin-Luther-University, Halle, Germany; Schotten Hosp, Schotten, Germany

Hintergrund: In-vitro-Daten lassen einen Sequenz-abhängigen Synergismus zwischen Docetaxel (Doc), Gemcitabin (GEM), Oxaliplatin vermuten. **Studienziel:** Um die Toxizität dieser neuen Dreier-Kombination festzustellen, wurde eine Pilotstudie an 11 Patienten (Pat) mit refraktären Tumoren mit einem 2-wöchigen Schema durchgeführt. **Therapieschema:** Doc XX mg/m² 1-Stunden-Infusion Tag 1, gefolgt nach 1 h Pause von Gem XX mg/m² 30-min-Infusion Tag 1, Oxaliplatin XX mg/m² 2-Stunden-Infusion Tag 2; q Tag 15. Aufgrund der Ergebnisse dieser Studie wurde eine Dosis-Eskalations-Studie begonnen. Zur Zeit können 31 Pat bezüglich Toxizität (187 Applikationen, median 6/Pat, Bereich 2–15/Pat) und 22 Pat bezüglich Wirksamkeit ausgewertet werden. **Patienten:** 20 M / 11 F, medianes Alter 59 Jahre, PS 1, vorhergehende Ctx 1. Tumor Typen: H & N 12, Sarkome 5, CUP 3, CCC 3, Pankreas 3, NSCLC 2, Magen-, Nebennieren- und Ovarial-Karzinom je 1. **Ergebnisse:** Grad-3/4-Nebenwirkungen sind in Tabelle 1 aufgeführt. 2 Pat wurden wegen Neurotoxizität Grad 4 (nach 10 Applikationen) und Hauttoxizität Grad 3 von der Studie ausgeschlossen. Keine weiteren Neurotoxizitäten >Grad 2 traten auf, auch nicht bei Pat mit ähnlicher Zahl von Applikationen. Wirksamkeit: Partielle Remission (PR) 5 (23%); Krankheitsstabilisierung (SD) 13 (59%), 4 von ihnen mit klinischer Besserung; Progression (PD) 4 Pat (18%). **Schlussfolgerung:** Die Kombination von Doc/Gem/Oxaliplatin ist ambulant anwendbar und zeigt vielversprechende Aktivität. Eine Dosis-Eskalation (zur Zeit Dosierungsstufe 4) wird fortgesetzt.

Tab. 1. Dosis-Eskalation und hauptsächliche Nebenwirkungen

Dosierungsstufe	Dosierung mg/m²			Anzahl der Patienten	Toxizität Grad 3/4 NCI-CTC, %		
	Doc	Gem	Oxaliplatin		WBC	Neuro	Haut
0	35	800	65	11	9	–	–
I	45	800	65	5	20	20	–
II	45	1000	65	3	–	–	–
III	55	1000	65	7	29	–	29
IV	55	1300	65	5	–	–	–
V	55	500	80	zu früh	zu früh	zu früh	zu früh

7. *Kombination mit MTA*

Abstract 867
A PHASE I STUDY OF THE MULTITARGETED ANTIFOLATE ALIMTA IN COMBINATION WITH OXALIPLATIN (L-OHP) IN METASTATIC SOLID TUMORS

E. Gamelin, P. Fumoleau, S. Delaloge, L. Kayitalire, J.L. Misset
Ctr Paul Papin, Angers, France; Ctr Rene Gauducheau Nantes, St Herblain, France; Hosp Paul Brousse, Villejuif, France; Lab Lilly, France

Hintergrund: ALIMTA (pemetrexed disodium, LY231514, MTA) ist ein neues Antifolat, das sowohl die Thymidylat-Synthase (TS) als auch die Dihydrofolat-Reduktase (DHFR) und die Glycinamid-Ribonukleotid-Formyltransferase (GARFT) hemmt. Oxaliplatin ist ein Oxalato-Diaminozyklohexan-Platinanalog. ALIMTA und Oxaliplatin sind als Monosubstanzen bei einer Reihe von soliden Tumoren wirksam. Frühere In-vitro- und In-vivo-Studien berichten über synergistische Wirkungen von Oxaliplatin und 5-FU. Dies lässt vermuten, dass auch die Kombination von Oxaliplatin und ALIMTA vorteilhaft ist. **Studienziel/-design:** Die Phase-I-Studie hatte das Ziel die maximal verträgliche Dosis (MTD) der Kombination aus ALIMTA/Oxaliplatin zu bestimmen. Am Tag 1 des 21-tägigen Zyklus wurde ALIMTA als 10-min-Infusion i.v. gegeben, es folgte 30 min später eine 2-Stunden-Infusion i.v. von Oxaliplatin. Die Studie hat das typische Design einer Dosis-Eskalation mit Festsetzung der MTD, wenn 2 Patienten (Pat) bei einer vorgegebenen Dosierungsstufe eine Dosis-limitierende Toxizität (DLT) entwickelten. DLTs waren definiert als Grad-4-Neutropenien, die länger als 7 Tage anhielten, febrile Neutropenien, Grad-4-Thrombozytopenien oder >Grad-3-nichthämatologische Toxizitäten (mit Ausnahme von Alopezie, Übelkeit, Erbrechen). Nur DLTs, die im ersten Therapie-Zyklus auftraten zählten mit zur Bestimmung der MTD. 16 auswertbare Pat (medianes Alter 54 Jahre), erhielten 49 Zyklen bei 5 Dosierungsstufen, ausgehend von ALIMTA/Oxaliplatin 300/85 (Stufe 1) bis 500/120 (Stufe 5). Medikamenten-induzierte Toxizitäten waren Neutropenie Grad 3/4, 12.5%/25%; Anämie Grad 3, 12.5%; Thrombozytopenie Grad 3, 6% und erhöhte Transaminasen Grad 3, 12.5%. All Grad-4-Neutropenien dauerten weniger als 7 Tage. Eine Grad-4-Diarrhöe trat bei einem Pat, aber nicht im ersten Zyklus auf. Andere nichthämatologische Toxizitäten wie neurologische Toxizitäten, Fieber ohne Infektion sowie Übelkeit und Hauttoxizität, waren bis jetzt selten und überschritten nicht Grad 2. Bis jetzt ist noch keine DLT beobachtet worden. Die Aufnahme zur nächsten Dosierungsstufe von ALIMTA/Oxaliplatin 500/130 (Stufe 6) ist im Gange.

---

8. *Kombination mit Raltitrexed*

Abstract 971
RALTITREXED ('TOMUDEX') PLUS OXALIPLATIN: AN ACTIVE COMBINATION FOR FIRST-LINE CHEMOTHERAPY IN PATIENTS WITH METASTATIC COLORECTAL CANCER

J.Y. Douillard, P. Michel, E. Gamelin, T. Conroy, E. Francois, J.L. Raoul, Y. Becouarn, F. Bertheault Cvitkovic, S. Nasca, M. Ychou, A. Fandi, J.F. Seitz
Ctr Rene Gauducheau, St Herblain, France; CHU de Rouen, Rouen, France; Ctr Paul Papin, Angers, France; Ctr Alexis Vautrin, Vandoeuvre, France; Ctr Antoine Lacassagne, Nice, France; Ctr Eugene Marquis, Rennes, France; Inst Bergonie, Bordeaux, France; Ctr Rene Huguenin, Saint Cloud, France; Inst Jean Godinot, Reims, France; Ctr Val d'Aurelle Paul Lamarque, Montpellier, France; AstraZeneca, Macclesfield, UK; Inst Jean Paoli Calmette, Marseille, France

Hintergrund: In einer Phase-I-Studie zeigten Raltitrexed ('Tomudex') und Oxaliplatin viel versprechende Aktivitäten bei einer Reihe von Tumoren, einschließlich intensiv vorbehandelter kolorektaler Karzinome (CRC). **Ziel** dieser Phase-II-Studie war die Bestimmung der Wirksamkeit und Sicherheit einer Kombination aus Raltitrexed/Oxaliplatin bei nicht mit Chemotherapie vorbehandelten Patienten (Pat) mit metastasiertem CRC. **Therapieschema:** Raltitrexed 3 mg/m^2 (15-min-Infusion i.v.), nach 45 min gefolgt von Oxaliplatin 130 mg/m^2 (2-Stunden-Infusion) alle 3 Wochen. **Patienten:** 71 Pat wurden in die Studie aufgenommen: 48 M / 23 F; medianes Alter 63 (39–77) Jahre; WHO-Performance-Status 0 (38 Pat), 1 (31 Pat), 2 (2 Pat). Leber (bei 56 Pat) und Lungen (bei 25 Pat) waren die vorherrschenden Metastasenlokalisationen. Bezüglich **Toxizität** wurden 277 Zyklen bei 66 Pat ausgewertet. Die häufigsten CTC-Grad-3/4-Nebenwirkungen waren Neutropenie (16,5% der Pat), Übelkeit (10,5%) und Diarrhöe (9,0%). Keine CTC-Grad-3/4-Neurotoxizität wurde beobachtet, obgleich Grad-1/2-Neurotoxizität bei 97% der Pat berichtet wurde. 2 Therapie-bedingte Todesfälle (1 Grad-4-Diarrhöe und 1 neutropenische Sepsis) sowie 2 weitere, möglicherweise Therapie-bedingte Todesfälle (1 Koma und 1 disseminierte intravaskuläre Gerinnung, DIC) waren zu verzeichnen. **Wirksamkeit:** Von 68 Pat konnten 63 Pat. bezüglich Ansprechrate (ORR) von einer externen Review-Kommission begutachtet werden. 1 Pat hatte ein komplettes und 38 Pat hatten ein partielles Ansprechen (ORR 61,9%, 95% CI 50–74%; «intentionto-treat» ORR 57,3%, 95% CI 46–69%). Bei 74% der Pat (29/39) war ein Ansprechen bei der ersten Auswertung festzustellen. Eine chirurgische Metastasenresektion wurde bei 8 Pat (12,7%) durchgeführt. 18 Pat hatten eine Krankheitsstabilisierung und 6 eine Krankheitsprogression. Die mediane Ansprechdauer und die Zeit bis zur Progression waren 8,1 (3,2–15+) und 6,3 Monate (0,39–15+). Das mediane Überleben ist noch nicht bestimmbar, ist aber ≥13 Monate mit einer 1-Jahres-Überlebensrate von 56,4%. **Schlussfolgerung:** Die Kombinationstherapie mit Raltitrexed/Oxaliplatin ist wirksam und hat eine beherrschbare Toleranz bei der First-line-Behandlung des metastasierten CRC.

'Tomudex' und Eloxatin wurden von AstraZeneca und Sanofi-Synthelabo zur Verfügung gestellt.

Abstract 997

PROMISING THERAPEUTIC POTENTIAL OF OXALIPLATIN + RALTITREXED IN PATIENTS WITH ADVANCED COLORECTAL CANCER (ACC): RESULTS OF A PHASE I/II TRIAL

W. Scheithauer, G.V. Kornek, H. Ulrich-Pur, M. Raderer, M. Penz, K. Haider, W. Kwasny, F. Lang, D. Depisch
Vienna Univ Medical School, Vienna, Austria; Gen Hosp, Wiener Neustadt, Austria; Gen Hosp, Neunkirchen, Austria

Hintergrund: Oxaliplatin und Raltitrexed sind wirksam beim fortgeschrittenen kolorektalen Karzinom (CC). Sie haben verschiedenartige Wirkmechanismen und Toxizitätsprofile. In präklinischen Studien sind additive Wirkungen nachgewiesen worden. **Ziel** dieser Phase-I/II-Studie war die Bestimmung von maximal verträglicher Dosis (MTD) und therapeutischem Index der Kombination bei den empfohlenen Dosierungsstufen (RD). **Patienten/Therapie**: Zwischen April 1998 und März 1999, wurden 69 Patienten (Pat) mit messbarem metastasierten CC mit Raltitrexed 3 mg/m^2, gefolgt von eskalierenden Dosierungen von Oxaliplatin (85–140 mg/m^2) alle 3 Wochen behandelt. Alle Pat (24 Frauen, 45 Männer) konnten bezüglich Ansprechen und Toxizität ausgewertet werden. Ihr medianes Alter war 62 (41–75) Jahre, der mediane WHO-Performance-Status war 1 (0–2); 44 Pat hatten Kolon- und 25 Rektumkarzinome; bei 29 Pat waren eine, bei 40 Pat mehr als 2 Metastasenlokalisationen vorhanden. Während der ersten 3 Dosierungsstufen hatte nur je 1 Pat eine Dosis-limitierende Toxizität (DLT) (Grad-3-Transaminasen-Anstieg, Diarrhöe, Stomatitis); bei der Dosierungsstufe 4 (130 mg/m^2) hatten 2 der ersten 6 aufgenommenen Pat eine Grad-3-Infektion und PNP, bei der Dosierungsstufe 5 (140 mg/m^2) war die MTD erreicht mit 3/3 Pat mit Grad-3-Asthenie, Amaurosis fugax, Diarrhöe Grad 3 + Neutropenie Grad 4. **Therapeutische Ergebnisse:** Nach median 6 (2–9) Therapiezyklen hatten 29/69 Pat (42%) ein extern beurteiltes, objektives Ansprechen, 33 (48%) hatten eine Krankheitsstabilisierung und nur 7 (10%) eine Progression. Von denen, die mit der empfohlenen Dosierungsstufe (4) behandelt worden waren, hatten 22/48 (46%) ein Ansprechen und 24 (50%) eine Krankheitsprogression. Die mediane Ansprechdauer, die Zeit bis zur Progression (>7,5 Monate) und die Überlebenszeit (84% aller 69 Pat sind noch am Leben) können noch nicht angegeben werden. Die Verträglichkeit bei der empfohlenen Dosierung war bemerkenswert gut, mit nur 9/48 Pat (19%), die eine WHO-Grad-3–4-Granulozytopenie entwickelten. Grad-3-nichthämatologische Nebenwirkungen schlossen bei je 4 Pat eine PNP sowie einen Anstieg der Serum-Transaminasen ein. Diarrhöen waren bei 3, sowie Stomatits und Erbrechen bei nur 1 Pat aufgetreten. **Schlussfolgerung:** Die beschriebenen, objektiven Ansprechraten und die akzeptablen Toxizitätsdaten (bei der empfohlenen Dosierungsstufe) stimmen mit einer früheren Phase-I-Studie überein und unterstützen das vielversprechende therapeutische Potential dieser Kombination bei Pat mit ACC.

Abstract 2276
THE COMBINATION OF RALTITREXED ('TOMUDEX') AND OXALIPLATIN IS AN ACTIVE REGIMEN IN MALIGNANT MESOTHELIOMA: RESULTS OF A PHASE II STUDY

K. Fizazi, H. Doubre, J. Viala, A. Riviere, A. Fandi, C. Daniel, L. Robert, T. Le Chevalier, T. Sahmoud, P. Ruffie
Inst Gustave Roussy, Villejuif, France; AstraZeneca, Cergy, France; AstraZeneca, Macclesfield, UK

Hintergrund: Die Kombination aus Raltitrexed ('Tomudex') und Oxaliplatin zeigte in einer Phase-I-Studie sowohl bei vorbehandelten als auch bei mit Chemotherapie nicht vorbehandelten Patienten (Pat) mit Mesotheliom eine vielversprechende Wirksamkeit [Fizazi et al., zur Veröffentlichung eingereicht]. Das **Studienziel** der Phase-II-Studie war die weitere Beurteilung der Wirksamkeit dieser Kombination bei Pat mit Mesotheliom. **Therapieschema:** Raltitrexed 3 mg/m^2 (15-min-Infusion i.v.) gefolgt von Oxaliplatin 130 mg/m^2 (2-Stunden-Infusion i.v.), q 3 Wochen. **Patienten:** Bis Juni 1999 wurden 72 Pat (52 M / 20 F) in die Studie aufgenommen. Medianes Alter 59 (37–74) Jahre, WHO-Performance-Status: 0 (14 Pat), 1 (45 Pat), 2 (13 Pat). 16 Pat waren mit einer Platin-haltigen Chemotherapie und 56 waren nicht mit einer Chemotherapie vorbehandelt. 44 Pat konnten bezüglich Toxizität ausgewertet werden. Grad-3/4-Nebenwirkungen waren Diarrhöe (7%), Neutropenie (9%), Anorexie (14%), Asthenie (16%) und asymptomatische Erhöhung der Transaminasen (20%). Eine Grad-2-Neurotoxizität war bei 7 Pat (16%) zu beobachten. Es gab keine therapiebedingten Todesfälle. **Ergebnisse:** 58 Pat sind bis jetzt durch externe Begutachter bezüglich Wirksamkeit beurteilt worden. 15 Pat hatten ein partielles Ansprechen; Ansprechrate 26% (95% CI 15–37). 31 (53%) Pat hatten eine Krankheitsstabilisierung (inklusive 10 Pat mit geringfügigem Ansprechen) und 12 (20%) Pat hatten eine Progression ihrer Erkrankung. Eine deutliche Verbesserung krankheitsbedingter Symptome war bei vielen Patienten mit positivem Ansprechen festzustellen. Diese Ergebnisse sind vorteilhafter als die von Cisplatin-haltigen Schemata [Ong ST, Vogelzang NJ: J Clin Oncol 1999;14:1007–1017]. Zudem hatten von 10 vorbehandelten Pat 2 Cisplatin-refraktäre Pat ein partielles Ansprechen, 6 Pat eine Krankheitsstabilisierung und 2 Pat eine Progression. Die mediane Zeit bis zur Progression betrug 4,5 (1–16+) Monate. Die mediane Überlebenszeit kann noch nicht beurteilt werden. **Schlussfolgerung:** Die Kombination aus Raltitrexed plus Oxaliplatin erweist sich als wirksam bei Pat mit malignem Mesotheliom. Sie zeigt ein akzeptables Verträglichkeitsprofil. 'Tomudex' ist ein Warenzeichen von AstraZeneca.

---

9. Kombination mit Cyclophosphamid

Abstract 1502, Oral Presentation
MULTICENTER PHASE II/III STUDY OF OXALIPLATIN PLUS CYCLOPHOSPHAMIDE (C) [OXC] VERSUS CISPLATIN (P) PLUS CYCLOPHOSPHAMIDE [CPC] IN ADVANCED CHEMONAIVE OVARIAN CANCER (AOC) PATIENTS (PTS): FINAL RESULTS

J.L. Misset, P. Vennin, P. Chollet, P. Pouillart, J.I. Frobert, D. Castera, M. Fabro, E. Cortesi, E. Gamelin, G. Dupont-André, A. Laadem, J. Otero
Hôpital Paul Brousse, Villejuif, France; Ctr Oscar Lambret, Lille, France; Ctr Jean Perrin, Clermont-Ferrand, France; Inst Curie, Paris, France; Ctr Hospitalier, Bourg en Bresse, France; Clin St Pierre, Perpignan, France; Ctr Val d'Aurelle, Montpellier, France; Policlinico Umberto, Rome, Italy; Ctr Paul Papin, Angers, France; Sanofi-Synthelabo, Gentilly, France; CAC, Kremlin-Bicêtre, France; Neoplasicas, INEN, Lima, Peru

Hintergrund: Oxaliplatin hat bei Patientinnen (pts) mit vorbehandelten, fortgeschrittenem Ovarialkarzinom (advanced ovarian cancer, AOC), sowohl als Monosubstanz als auch in Kombination seine Wirksamkeit bewiesen. Es besteht nur eine partielle Kreuzresistenz mit Cisplatin (P) und Carboplatin. Als Grund ist u.a. zu nennen, dass sogenannte «Mismatch repair»(MMR)-Defekte mit einer Resistenz gegen P und Carboplatin vergesellschaftet sind und gehäuft nach einer Therapie mit diesen Substanzen auftreten. Die zytotoxische Wirkung von Oxaliplatin bleibt dagegen bei Tumoren mit defektem MMR-System erhalten. Zudem bestehen synergistische oder supraadditive Interaktionen mit anderen, bei Ovarialkarzinomen aktiven Substanzen wie P, Carboplatin, Paclitaxel, Cyclophosphamid (C) und Topotecan. **Studienziel:** Vergleich der Sicherheit und Wirksamkeit einer Kombination aus Oxaliplatin plus C (OXC) vs. einer Kombination aus P plus C (CPC) bei Patientinnen mit nicht vorbehandelten AOC (Stadien IIc, III, und IV) im Rahmen einer offenen Multicenter-Phase-II–III-Studie [siehe auch Misset, ASCO 1997, Abstract 1266]. **Methodik:** Zwischen April 1992 und Januar 1996 wurden 177 Patientinnen in 27 Zentren entweder mit OXC (Oxaliplatin 130 mg/m^2 i.v. + C 1000 mg/m^2 i.v., q 3 Wochen × 6) (85 pts) oder mit CPC (P 100 mg/m^2 i.v. + C 1000 mg/m^2 i.v., q 3 Wochen × 6) (92 pts) behandelt. In beiden Studienarmen waren Patientinnen und Krankheitscharakteristika bezüglich bekannter prognostischer Faktoren ausgeglichen. **Ergebnisse:** 453 Zyklen (c) bei 85 pts (OXC-Arm) und 455 c bei 92 pts (CPC-Arm) konnten bezüglich Toxizität ausgewertet werden

(WHO). Signifikante Unterschiede mit Bevorzugung des OXC-Armes fanden sich bezüglich der Inzidenz einer Grad-3–4-Anämie (5 OXC-pts vs. 31 CPC-pts, $p < 0,0001$), der Häufigkeit von notwendigen Erythrozyten-Konzentrat-Transfusionen (7 vs. 20, $p < 0,010$), des Grad-3/4-Erbrechens (22 vs. 51 pts, $p < 0,0001$) sowie einer Grad-3–4-Leukopenie (32 vs. 51 pts, $p < 0,042$). Eine periphere Neuropathie war mild ausgeprägt (Grad 1–2), mit 1 Grad-3-Neuropathie im CPC-Arm. Die Kreatinin-Clearance war am Ende der Therapie besser im OXC-Arm. Somit bestätigte sich die fehlende Nephrotoxizität. **Wirksamkeit:** Unabhängige Begutachter bewerteten das Tumoransprechen (resp) bezüglich chirurgischer Ergebnisse und objektiver Ansprechraten (WHO), progressionsfreies Überleben (PFS) und Überleben (Tabelle). Zwischen den beiden Therapie-Armen fanden sich keine signifikanten Unterschiede bezüglich der genannten Ansprechparameter. **Schlussfolgerung:** Die Sicherheit und Wirksamkeit der OXC-Kombination bestätigt, das Interesse daran Oxaliplatin mit anderen beim AOC aktiven Substanzen zu kombinieren.

Therapie-Arm	Anzahl der Patienten	Chirurgisch beurteiltes Ansprechen		Klinisches Ansprechen		Medianes PFS, Monate	Medianes Überleben, Monate
		n	%	n	%		
OXC	85	32/50	64	23/69	33	13	36
CPC	92	33/49	67	29/69	42	13	25

Hinweise für Autoren

ONKOLOGIE

Onkologie 2000;23

Die Zeitschrift ONKOLOGIE ist ein Forum für alle Themen der Onkologie. Veröffentlicht werden Original- und Übersichtsarbeiten aus der internistischen Hämato-Onkologie, der chirurgischen, gynäkologischen und urologischen Onkologie, der Strahlentherapie und der klinisch-experimentellen Onkologie. Auch Beiträge zur pädiatrischen, HNO- und dermatologischen Onkologie, zu Pathologie und Biometrie, Epidemiologie, Prävention und Frühdiagnose bis hin zur psychologischen Betreuung werden berücksichtigt. Alle Beiträge unterliegen einem Begutachtungsverfahren.

1. Allgemeines, Verlagsrecht

Bitte senden Sie Ihr Manuskript in vierfacher Ausfertigung (jedes Exemplar komplett mit Abbildungen und Tabellen) direkt an den S. Karger Verlag, z. H. Dr. Heike Endemann, Postfach, D-79095 Freiburg. Eine weitere Kopie des Manuskripts soll grundsätzlich beim Autor verbleiben.

Alle Autoren müssen in einem **Begleitschreiben** durch Unterschrift bestätigen, daß die eingereichte Arbeit bislang weder ganz noch teilweise (Ausnahme: Kongreßberichte) veröffentlicht wurde noch anderweitig zur Veröffentlichung eingereicht ist und daß alle Autoren das Manuskript gelesen haben und mit der Veröffentlichung in der vorliegenden Form einverstanden sind. Es ist Sache des Autors, die Nachdruckerlaubnis für Abbildungen, Tabellen usw. aus anderen Publikationen zu beschaffen. Über die Annahme wissenschaftlicher Beiträge wird aufgrund mehrerer Gutachten entschieden (peer-review). Mit der Annahme des Manuskripts zur Publikation gehen alle Rechte auf den Verlag über. Ohne schriftliche Genehmigung des Verlages dürfen diese Publikationen oder Teile daraus nicht in andere Sprachen übersetzt oder in irgendeiner Form mit mechanischen oder elektronischen Mitteln (einschließlich Fotokopie, Tonaufnahme und Mikrofilm) reproduziert oder auf Datenträger oder einem Computersystem gespeichert werden.

Ethische und rechtliche Voraussetzungen: Zur Publikation eingereichte Manuskripte, bei denen Untersuchungen an Probanden oder Patienten durchgeführt wurden, müssen die Erklärung enthalten, daß das Versuchsprotokoll von einer Ethikkommission genehmigt wurde und den ethischen Standards der Deklaration von Helsinki in ihrer erweiterten Form von 1975 und ihren Zusätzen von 1983, 1989 und 1996 [JAMA 1997;277:925–926] entspricht. Zugleich muß im Manuskripttext auf die Einwilligung der Versuchsperson nach Aufklärung hingewiesen werden. Angaben, die auf die Identität der Person schließen lassen, sind unzulässig.

Tierversuche bedürfen gleichfalls der Genehmigung und müssen den Forderungen des Tierschutzgesetzes in seiner jeweils gültigen Fassung entsprechen. Auf diese Genehmigung ist im Manuskript hinzuweisen. Arbeiten, die nicht aus Deutschland stammen, müssen einen vergleichbaren Hinweis tragen.

Beiträge erscheinen in einer der folgenden **Rubriken:** Übersichtsarbeit, Kurze Übersicht, Originalarbeit, Laufende klinische Studie, FAX-Kommunikation, Kurzmitteilung, Kasuistik, Klinisch-pathologische Konferenz, Brief an die Herausgeber, Kommentar, Meinung, Onkologische Fortbildung, Klinische Information, Kongreßbericht, Wilsede-Schule.

Übersichtsarbeiten, Originalarbeiten, Laufende klinische Studien, FAX-Kommunikationen, Kurzmitteilungen, Kasuistiken, Briefe an die Herausgeber, Kommentare und Beiträge zu klinisch-pathologischen Konferenzen sind in englischer Sprache abzufassen. Alle anderen Beiträge können wahlweise in deutscher oder englischer Sprache eingereicht werden.

2. Manuskripte

Die Manuskripte sollen in 1½zeiligem Abstand mit beidseitig je 3 cm Rand eingereicht werden. Folgender Umfang sollte nicht überschritten werden: Übersichtsarbeiten 10 Manuskriptseiten, Kurze Übersichten sowie Originalarbeiten 8 und die übrigen Beiträge 6 (einschließlich Zusammenfassung). Abbildungen, Tabellen und Literaturzitate werden dabei nicht mitgerechnet. Für Umfangüberschreitungen wird dem Autor ein Mehrkostenanteil in Rechnung gestellt (s. unten). Kontrollieren Sie bitte das Manuskript sorgfältig auf einheitliche Bezeichnungen und korrekte Schreibweise. Typographische Gestaltung und redaktionelle Bearbeitung werden vom Verlag durchgeführt. Generelle Hinweise zur Abfassung von Manuskripten können den «Uniform Requirements for Manuscripts Submitted to Biomedical Journals» des «International Committee of Medical Journal Editors», veröffentlicht in Ann Intern Med 1997;126:36–47 bzw. www.asma-assn.org/public/journals/jama/sc6336.htm, entnommen werden.

Manuskripte auf Diskette: Jedem Manuskript ist eine Diskette beizulegen, deren Inhalt exakt mit dem Ausdruck übereinstimmen muß. Bitte beachten Sie auch die «Hinweise zur Abgabe von Manuskripten auf Diskette».

Bitte numerieren Sie die Seiten des Manuskripts durchlaufend, beginnend mit der Titelseite. Die Arbeit soll gegliedert sein in **Schlüsselwörter und Zusammenfassung, Key Words und Summary, Einleitung, Material und Methoden** (oder **Patienten und Methoden**), **Ergebnisse, Diskussion,** gegebenenfalls **Dank, Literatur, Tabellen, Abbildungslegenden und Abbildungen.**

Die **Titelseite** muß enthalten: **Titel und Kurztitel** der Arbeit in Deutsch und Englisch, die vollständigen Autorennamen mit der jeweiligen Institutsangabe in der Landessprache der Autoren, die vollständige Postadresse des Korrespondenzautors, gegebenenfalls mit Telefon- und Faxnummer sowie E-mail-Adresse.

Originalarbeiten müssen eine englische und deutsche **strukturierte Zusammenfassung** enthalten. Für Informationen zur Gliederung der Zusammenfassung siehe Haynes RB, Mulrow CD, Huth EJ, Altman DG, Gardner MJ: Ann Intern Med 1990;113:69–76. Die Zusammenfassungen sollen 250 Wörter nicht überschreiten und sind zu strukturieren in **Hintergrund, Material und Methoden, Ergebnisse, Schlußfolgerungen.** Die Zusammenfassung darf keine Literaturzitate, Tabellen, Abbildungen, Abbildungs- und Tabellenhinweise enthalten. Falls Hinweise auf Literaturzitate unvermeidlich sind, müssen sie vollständig sein. Zu einer Arbeit gehören 3–5 **Schlüsselwörter** (Englisch und Deutsch), die möglichst der «Medical Subjects Heading List» des Index Medicus entnommen sein sollen (die Liste ist unter www.nlm.nih.gov erhältlich). Übersichtsarbeiten folgen nicht der Gliederung von Originalarbeiten; Titelseite, Zusammenfassung, Schlüsselwörter und Literaturverzeichnis sind jedoch erforderlich.

Fußnoten sollten nur in Tabellen verwendet werden. **Abkürzungen** im Text bitte möglichst sparsam verwenden. Bei nicht allgemein üblichen Abkürzungen jeweils beim ersten Auftreten das Wort ausschreiben und die später verwendete Abkürzung in Klammern folgen lassen: z.B. Adenosin-Monophosphat (AMP). Geschützte **Produkt- bzw. Markennamen** müssen beim ersten Auftreten im Text mit einem hochgestellten ® bzw. ™ bezeichnet werden. Die Verantwortung für die korrekte Befolgung dieser Vorschrift liegt ausschließlich beim Autor. **Danksagungen** sollten unmittelbar dem Text folgen und dem Literaturverzeichnis vorangestellt sein.

Das **Literaturverzeichnis** soll nur die im Text zitierten Publikationen enthalten. Bei Übersichtsarbeiten sollten nicht mehr als 60 Literaturstellen angegeben werden, bei Kurzen Übersichten nicht mehr als 40. Die Literatur ist entsprechend der Reihenfolge des Auftretens im Text zu numerieren. Die Referenzen werden als Zahlen in eckigen Klammern in den Text eingefügt. Bitte alle Autoren einer Arbeit angeben, die Abkürzung «et al.» ist zu vermeiden. Zitiert werden sollen nur Arbeiten, die entweder publiziert oder zur Publikation angenommen sind. Der Passus «in Vorbereitung» oder «persönliche Mitteilung» ist zu vermeiden. Die Abkürzung der Zeitschriftentitel erfolgt nach dem Index-Medicus-System (www.nlm.nih.gov).

Beispiele zur Abfassung von Literaturzitaten:

(a) Zeitschriftenbeiträge: Lelie PN, Cuypers HTM, van Drimmelen AAJ, Quint WGV: Quality assessment of hepatitis C virus nucleic acid amplification methods. An international proficiency study. Infusionsther Transfusionsmed 1998;25:102–110.

(b) Bücher mit Herausgeber: Hardy WD Jr, Essex M: FeLV-induced feline acquired immune deficiency syndrome: A model for human AIDS; in Klein E (ed): Acquired Immunodeficiency Syndrome. Prog Allergy. Basel, Karger, 1986, vol 37, pp 353–376.

(c) Monographien: Schaefer UW, Beelen DW: Bone Marrow Transplantation, ed 2, revised. Basel, Karger, 1996.

Die Anzahl von **Abbildungen und Tabellen** soll niedrig gehalten werden. In Tabellen genannte Informationen bedürfen keiner Wiederholung im Text. Hinweise auf Abbildungen und Tabellen erfolgen im Text mit (Abb. 1) bzw. (Tab. 1). Abbildungslegenden sind auf einer gesonderten Seite zusammenzustellen; jede Tabelle muß eine Legende haben. Die Legenden sind kurz und präzise zu halten. **Farbabbildungen** sind möglich, erfordern jedoch einen Zuschuß des Autors zu den Druckkosten (s. unten). **Abbildungsvorlagen** sind 4fach einzureichen (Original und 3 Kopien). Auf der Rückseite der Vorlage (nicht aufkleben oder anheften) bitte den Namen des Autors, ein Titelstichwort, die Angabe, wo «oben» ist, sowie die Bildnummer angeben. Die Qualität der gedruckten Abbildungen hängt von der Qualität der Vorlagen ab.

Randomisierte, kontrollierte klinische Studien sollen nach den Empfehlungen des CONSORT-Statements [Begg C, Cho M, Eastwood S, Horton S, Moher D, Olki I, Pitkin R, Rennie D, Schulz F, Simel D, Stroup D: Improving the quality of reporting of randomized trials: The CONSORT statement. JAMA 1996;276:637–639] abgefaßt werden. Das Verfahren, nach dem die Vergleichsgruppen ermittelt wurden, muß erkennbar sein, so daß der Leser die Methode der Randomisierung nachvollziehen kann. Im Titel und in der Zusammenfassung der Arbeit ist darauf hinzuweisen, daß es sich um eine randomisierte kontrollierte klinische Studie (RCT) handelt. Wird eine RCT eingereicht, sind die «Checklist for Authors Submitting Randomized Controlled Trials» und das CONSORT-Flußdiagramm zu beachten, welche im ersten Heft jedes Jahrgangs in der englischen Version dieser Hinweise abgedruckt sind. Die CONSORT-Checklist und das CONSORT-Flußdiagramm sind auch unter www.ama-assn.org/public/journals/jama zugänglich, eine deutsche Version mit weiteren Informationen kann unter www.med.uni-muenchen.de/gmds/pub/consort.html heruntergeladen werden. Die ausgefüllte Checkliste und das Flußdiagramm müssen der Arbeit beigelegt werden, da sie in das Begutachtungsverfahren einbezogen werden.

Druckfahnen: Das lektorierte Manuskript und die Druckfahnen werden dem Korrespondenzautor zusammen mit einem Formular zur Sonderdruckbestellung zugesandt. Die Fahnen sind sorgfältig mit dem Manuskript zu vergleichen und notwendige Korrekturen auf der Fahne einzutragen. Die Korrespondenz betreffend angenommene Arbeiten und Druckfahnen bitte direkt mit dem S. Karger Verlag in Freiburg führen.

3. Kosten und Sonderdrucke

a) Übersteigen die Kosten der Autorkorrektur 10% der Satzkosten, werden die Zusatzkosten dem Autor in Rechnung gestellt.

b) Sollte die Arbeit den vorgegebenen Umfang überschreiten und vom Autor nicht gekürzt werden, wird der Mehrumfang mit DM 650,– pro Druckseite berechnet.

c) Für Farbabbildungen wird dem Autor ein Reproduktions- und Druckkostenanteil von DM 450,– pro Abbildung in Rechnung gestellt.

Der Korrespondenzautor erhält 25 kostenlose Sonderdrucke seiner Arbeit.

Die vollständigen Hinweise erscheinen im ersten Heft eines Jahrgangs.

KARGER

Fax +49 761 4 52 07 14
E-mail Information@Karger.de
www.karger.com

Hinweise für Autoren verfügbar unter:
www.karger.com/journals/onk/onk_gl.htm

ONKOLOGIE

Onkologie 2000;23

Guidelines for Electronic Manuscript Submission

The final version of the manuscript must be accompanied by a disk **exactly** matching the printed version. Check the disk with a virus detection program. Do not use programs for file compression. Label the disk with the title of the manuscript, the first author, the platform, and the version of software used. We accept disks in Macintosh or MS-DOS (Windows) format. When preparing a manuscript, use the document mode or its equivalent in the word-processing program. If a non-Western version of the word-processing program is used to prepare the manuscript, save the text in the rich-text format (RTF). The preferred word-processing package is MS-Word. Other commonly used text programs and ASCII formats are accepted.
In the file do not include any layout instructions such as placements for graphics. The text should be justified to the left, and end-of-line hyphenation should be avoided. Use carriage returns only to end heading and paragraphs, not to break lines of text. Use only **one format** (normal) for the document; to structure the text you may use tabs. Please do not include any headers, footers, or footnotes. Ensure that all characters are correctly represented throughout the manuscript: e.g., 1 (one) and l (ell), 0 (zero) and O (Oh), X (ex) and × (times sign). Please save tables and figures each as separate files, do **not** integrate them in the text (see also 'Figures'). The use of the fonts Times and Symbol is recommended.

Figures
Graphics, e.g. figures, schemes, etc., should be saved as separate files. Most packages for creating them will allow the user to choose a format in which to save a file. TIFF, PostScript, or EPS is preferred. It should be possible to identify the figure by the filename. All figures **must** be submitted additionally as camera-ready copies.

References
Use the style as described in 'Guidelines for Authors', i.e., no comma after the last name, no period after the initials. The semicolon and colon after the year of publication and the volume number, respectively, should not be followed by spaces before volume number and page number. Please give the first and the last page of the article, separated by a dash. *Wrong:* Infusionsther Transfusionsmed 1998; 25: 160 – 3., *correct:* Infusionsther Transfusionsmed 1998;25:160–163.

Hinweise für Manuskripte auf Diskette

Bitte reichen Sie zusammen mit dem angenommenen Manuskript eine Diskette ein. Prüfen Sie die Diskette mit einem Virensuchprogramm. Der Inhalt der Diskette **muß exakt** mit dem beigelegten Ausdruck übereinstimmen. Bitte vermeiden Sie das Komprimieren der Dateien mit einem Packprogramm. Auf dem Etikett der Diskette müssen folgende Angaben vermerkt sein: Titel der Arbeit, Name des Erstautors, sowie verwendetes Betriebssystem und Software (Versionsnummer). Sowohl Disketten im Macintosh-Format als auch MS-DOS-formatierte Disketten werden akzeptiert. Speichern Sie den Text in dem vom Textverarbeitungsprogramm angebotenen Standardformat ab. Das bevorzugte Textverarbeitungsprogramm ist MS-Word. Dateien anderer verbreiteter Textverarbeitungsprogramme sowie ASCII-Formate können ebenfalls bearbeitet werden. Die Datei sollte keine Seitenlayout-Anweisungen, wie Hinweise zur Plazierung von Grafiken, enthalten. Bitte den Text linksbündig schreiben und keine Silbentrennungen durchführen. Erfassen Sie Ihren Text endlos, d.h. benutzen Sie harte Zeilenschaltungen (Return-Taste) nur am Ende eines Absatzes oder für Titel, Untertitel, etc. Bitte verwenden Sie **nur ein Format** (Normal) für die Erstellung des Textes. Dateien, die aufwendig formatiert sind, können nur unter Schwierigkeiten in das Satzprogramm übernommen werden. Zur Gliederung des Textes können Tabulatoren verwendet werden, Kopf- und Fußzeilen bitte vermeiden. Prüfen Sie, ob die folgenden Zeichen im Manuskript korrekt wiedergegeben sind: 1 (Eins) und l (Buchstabe), 0 (null) und O (Buchstabe), X (Buchstabe) und × (Malkreuz). Tabellen und Abbildungen bitte **nicht** in den Text integrieren, sondern als separate Dateien speichern (siehe auch «Abbildungen»). Es wird die Verwendung der Schriften Times und Symbol empfohlen.

Abbildungen
Illustrationen jeder Art sollten als separate Datei gespeichert werden. Die meisten der für die Erstellung der Abbildungen verwendeten Programme erlauben die Speicherung in verschiedenen Dateiformaten. TIFF, PostScript oder EPS werden bevorzugt. Die Abbildung sollte anhand des Dateinamens zugeordnet werden können. Zusätzlich müssen alle Abbildungen unbedingt als reproduktionsfähige Vorlagen mitgeliefert werden.

Literatur
Bitte beachten Sie für die Abfassung der Literatur die «Hinweise für Autoren». Verwenden Sie kein Komma nach dem Nachnamen und keine Punkte nach den Initialen. Nach Semikolon und Doppelpunkt darf kein Leerschlag eingefügt werden, *falsch:* Infusionsther Transfusionsmed 1998; 25: 160 – 3., *richtig:* Infusionsther Transfusionsmed 1998;25:160–163.

KARGER

Fax +49 761 4 52 07 14
E-mail Information@Karger.de
www.karger.com

Guidelines for Authors available at:
www.karger.com/journals/onk/onk_gl.htm